AOZHOU JIANGUO JIAGONG YU
FUCHANWU ZONGHE KAIFA LIYONG

澳洲坚果加工与副产物综合开发利用

王文林　陈海生　涂行浩　施　蕊　主编

中国农业出版社
北　京

图书在版编目（CIP）数据

澳洲坚果加工与副产物综合开发利用 / 王文林等主编．—北京：中国农业出版社，2023.8
ISBN 978-7-109-30529-8

Ⅰ.①澳…　Ⅱ.①王…　Ⅲ.①澳洲坚果—食品加工 ②澳洲坚果—副产品—综合利用　Ⅳ.①TS255.6

中国国家版本馆 CIP 数据核字（2023）第 051662 号

中国农业出版社出版
地址：北京市朝阳区麦子店街 18 号楼
邮编：100125
责任编辑：李　瑜　黄　宇
版式设计：王　晨　　责任校对：刘丽香
印刷：三河市国英印务有限公司
版次：2023 年 8 月第 1 版
印次：2023 年 8 月河北第 1 次印刷
发行：新华书店北京发行所
开本：700mm×1000mm　1/16
印张：7.5　　插页：2
字数：145 千字
定价：80.00 元

本书编委会

主　　编　王文林　陈海生　涂行浩　施　蕊

副 主 编　张　涛　张雯龙　刘　灿　贺　鹏　宋海云

参　　编　郑树芳　覃振师　谭秋锦　韦哲君　许　鹏
　　　　　韦媛荣　黄锡云　汤秀华　谭德锦　周春衡
　　　　　谢　飞　何铣扬　覃潇敏　潘浩男　潘贞珍
　　　　　环秀菊　钟剑章　莫庆道　赵　静　朱　洪
　　　　　王　颖　全　伟　李晓娜　卢　娜　梁茜茜
　　　　　周发金　陈　茜　杨小州　吴圣进　陶　亮

编写者单位　广西南亚热带农业科学研究所
　　　　　　中国热带农业科学院南亚热带作物研究所
　　　　　　西南林业大学
　　　　　　广西壮族自治区农业科学院微生物研究所
　　　　　　云南省热带作物科学研究所

前言

澳洲坚果（*Macadamia integrifolia*），又称夏威夷果、澳洲核桃、昆士兰坚果，为山龙眼科（Proteaceae）澳洲坚果属（*Macadamia*）常绿乔木果树，原产于澳大利亚昆士兰州东南部和新南威尔士州北部，南纬25°—31°之间的沿海亚热带雨林，后引种到南非、亚洲等地，目前已在世界范围内广泛种植，是当今世界新兴果树之一。

中国在1910年引入澳洲坚果，最先引种在台北植物园作为标本树。1979年，中国热带农业科学院南亚热带作物研究所开始进行澳洲坚果的引种试种研究，经过多家科研单位多年的研究与推广，截至2022年，中国的澳洲坚果种植面积已达30万hm^2，居世界第一位，主要分布在云南和广西，且种植面积还在迅速增长。

澳洲坚果是一种油脂含量高、口感香脆且具有浓郁香味的优质食用坚果，果实包括果皮、种壳和种仁3个主要组成部分，食用部分为种仁，可生吃，也可烘烤后食用，带有天然奶油香，风味极佳，是世界上品质最佳的食用干果之一，享有“干果之王”的美称。

澳洲坚果种仁为果实的胚，呈乳白色或乳黄色球状，为澳洲坚果的可食部分。澳洲坚果仁营养丰富，脂肪含量65%～80%，远高于花生（44.8%）、腰果仁（47%）、杏仁（51%）和核桃（63%）等，其中不饱和脂肪酸占脂肪酸总量的80%以上，澳洲坚果是果仁中唯一富含棕榈油酸的木本坚果类果树。澳洲坚果仁蛋白质含量约为7.1%，果仁蛋白质共含17种氨基酸，且其中7种为人体的必需氨基酸。此外澳洲坚果仁还含有丰富的钙（0.464mg/g）、磷（0.241mg/g）、铁（18.0mg/kg）、维生素B_2（1.19mg/kg）和烟酸（16mg/kg）等营养物质，有助于降低人体血液胆固醇含量，预防肝脏和心脏疾病的发生。

澳洲坚果仁一般直接以带壳果实经过烤制、盐焗等加工方式制成熟坚果食用，也作为附加物添加到食品制作中去，如生产澳洲坚果牛奶巧克力、糕点、糖果等；其次是用来提取营养丰富、抗氧化性能优良的澳洲坚果油，如澳洲坚果食用油、护肤美容基础油等。

澳洲坚果油一般经冷榨法提取，生成的初榨油色泽金黄，且带有浓郁的坚果香味，是高级的天然食用油。冷榨后的部分脱脂原料可二次榨油或用溶剂提油，得到精炼坚果油，精炼油呈淡黄色，有轻微气味，可作为基础油用于化妆品行业。榨油后的副产物为脱脂澳洲坚果粕，蛋白质含量约30%，必需氨基酸含量高，而且氨基酸配比符合人体营养需求，具有很高的营养价值，可作为食品添加成分应用于焙烤食品与饮料的生产中。

澳洲坚果皮为青绿色，占果实鲜重的45%～60%，是澳洲坚果初加工后的副产物，绝大部分被丢弃，仅有少量被用作肥料或动物饲料，几乎未得到有效利用。研究表明，澳洲坚果青皮提取物对植物生长起一定调节作用，还可应用于日化洗护领域；澳洲坚果皮粉碎后可用于栽培食用菌和制备有机肥，还可应用于医药、皮革、印染和有机合成工业。

澳洲坚果种壳呈褐色，约占带壳果干重的2/3，富含粗纤维和生物活性物质，从澳洲坚果种壳中提取出的黄酮类化合物和多糖具有较强的抗氧化活性，种壳也可用来制作活性炭、滤料或建材。

近年来，随着我国人民消费水平的提高和澳洲坚果产量的扩大，澳洲坚果加工以及副产物综合利用对延长澳洲坚果产业链，促进产业发展水平稳步提升，保障产业持续、高效和健康发展，全面提升综合效益，助力乡村振兴都具有重要意义。

本书是对澳洲坚果加工和副产物利用技术发展和生产实践进行总结的首次尝试，内容主要为作者多年科研工作的积累，部分参考、引用了国内外同行的最新研究进展。虽然编写人员竭力求精，但因水平有限，资料收集难以覆全，文中难免出现遗漏，敬请读者不吝赐教，多提宝贵意见。

编　者

2022年8月

目录

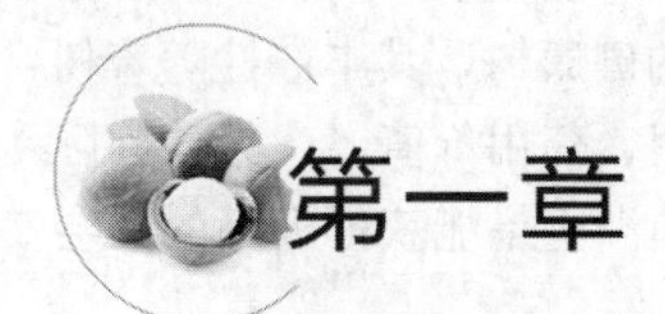

第一章 澳洲坚果的起源与产业概况

第一节 澳洲坚果概述

澳洲坚果（*Macadamia integrifolia*）又名澳洲核桃、夏威夷果、昆士兰坚果、澳洲胡桃等，山龙眼科（Proteaceae）澳洲坚果属（*Macadamia*）。澳洲坚果原产于澳大利亚昆士兰州东南部和新南威尔士州北部沿岸的亚热带雨林地区（南纬 25°—31°），是澳大利亚本土植物中唯一一种被驯化成为世界性栽培的油料树种。澳洲坚果为常绿乔木果树，双子叶植物，树冠高大，通常高 5～15m；叶 3～4 片轮生，长 5～15cm，宽 2～3cm，披针形，革质，光滑，边缘有刺状锯齿；总状花序腋生，花米黄色；果圆球形，直径约 2.5cm，果皮革质，内果皮坚硬，种仁米黄色至浅棕色，适合生长在气候温和且湿润、终年无霜或轻霜、风力小的地区。果实外观如彩图 1 所示。

澳洲坚果果实横纵剖平面图如彩图 2、彩图 3 所示。澳洲坚果果实从外到内分为外果皮（青皮）、内果膜、果壳、果仁。在前期试验观察中发现不同品种澳洲坚果在果实发育早期，内果膜呈现乳白色，会粘连在果壳表面，在果实生长发育后期，内果膜颜色会逐渐加深，与果壳分离而粘连在外果皮（青皮）内侧，当果实成熟自然掉落后，剥开外果皮发现内果膜（青皮内层颜色）呈现棕褐色，如彩图 4 所示。

澳洲坚果树形优美，冬天不落叶，四季常绿，枝叶稠密，花美丽且芳香，有很高的观赏价值。澳洲坚果树根系发达，可以保持水土，涵养水源，美化绿化环境，促进生态平衡；但其主根不发达，主要根系分布于土壤浅层。因此抗风能力弱，遇到强风会使果树倒伏、树干断裂、落果，造成严重的产量损失，栽培上需采取综合防治措施，提高其抗风能力。澳洲坚果树可以缓慢生长至 12～15m 高，树叶深绿色、有光泽，长簇状花穗，呈乳白色或者粉色，每一串花穗上有 150～300 朵小花，每穗挂果 4～15 颗，成熟后就是澳洲坚果。澳洲坚果一般在种植后 6～8 年达产，管护到位时第 4 至 5 年可达产，第 8 年进入丰产期，以丰产期 25 株/亩*，平均每株单产 25kg 计算，每亩产量可达 625kg，丰产期达 40～60 年，甚至更长；生长良好的健康树，其丰产性随着树龄的增长和植株的增大而增强；且因果实丰富的食用、药用价值，产品在国际市场上价格昂贵，供不应求，市场潜力较大，种植澳洲坚果能获得极好的社会效益和经济效益。

第二节　澳洲坚果起源与发展历史

澳洲坚果的起源可以追溯到 19 世纪中期以前，澳洲土著居民在最初发现这种植物的果仁时，便会以此为食物进行采集和食用。1857 年植物学家费迪南德·冯·穆勒和沃尔特·希尔在昆士兰州莫里顿湾采集并发现了这一树种，并建立了山龙眼科一个新属——澳洲坚果属（*Macadamia*）。为了纪念好友兼著名科学家约翰·麦克丹姆博士（Dr. John Macadam），他们将首次发现的果树命名为 *Macadamia integrifolia*，即澳洲坚果树，而果树所结的圆球形并带有青色果皮的果实即是澳洲坚果。19 世纪 80 年代至 90 年代，美国的园艺学家及船员把澳洲坚果作为园艺树木从澳大利亚带回，并在夏威夷进行了播种。二次世界大战以前，澳洲坚果被作为园艺树木种植，并没有作为商业性树种进行大规模种植推广；后来由于小型的澳洲坚果园采用树苗的产量和品质均不稳定，澳洲坚果大规模的商品性生产未能成功。1948 年，园艺学家 W. B. 斯托雷选育出的 5 个商业性品种通过鉴定后，澳洲坚果优良品种被不断推出，并于这时开始了澳洲坚果的商业性大面积发展，大大推动了商业性坚果种植园的扩大发展。因而，真正的澳洲坚果商品生产是从 19 世纪 50 年代至 60 年代开始起步的。到 1980 年，除美国和澳大利亚之外，南非、肯尼亚的澳洲坚果种植发展也较快。进入 20 世纪 90 年代，世界澳洲坚果业发展迅猛，其中中国种植面积发展最为迅速，截至 2022 年，全国澳洲坚果种植面积为 30 万 hm^2，已位居世界第一。尽管目前有 30 多个国家在引种栽植这种果树，但由于澳洲坚果市场供应不足，还有相当大的市场缺口，预计未来相当一段时期内世界澳洲坚果的市场仍呈不饱和状态。

澳洲坚果营养丰富，香脆可口，广受大众喜爱，市场需求不断增加，大大刺激了世界各地澳洲坚果产业的发展。埃塞俄比亚、津巴布韦、坦桑尼亚、秘鲁、墨西哥、以色列、中国、印度尼西亚、泰国、新喀里多尼亚、马拉维、委内瑞拉、新西兰、萨尔瓦多等地区均有种植。预计非洲、南美洲国家的澳洲坚果产业未来也将会有大规模的发展。

---

* 亩为非法定计量单位，1 亩＝1/15hm^2≈667m^2。——编者注

一、世界澳洲坚果发展历史

最初，欧洲探险者来到澳大利亚这块神奇的土地，发现此处的原住民在部落宴会上有一种当地热带雨林特有的含油量很高的坚果，此果味美，但难以大量采集。原住民还榨取这种坚果的果油，与赭石、黏土混合均匀后，涂抹在脸和身上以便绘制出具有象征意义的符号或图案，这种人体彩绘是原住民对神灵表达敬畏、维系身份、铭记部落梦想的一种方式。但当时，欧洲探险者不曾认真探究过这种富含油脂且美味的坚果。直到领土扩张后，他们在1828年才注意到这种澳洲本土植物，1858年正式赋予其专业名称——粗壳澳洲坚果（*Macadamia ternifolia*）。而此时被命名的粗壳澳洲坚果并不是当时原住民所吃的富含油脂和营养的澳洲坚果，它只是澳洲坚果的一个姐妹种。与香甜美味的澳洲坚果相反，粗壳澳洲坚果具苦杏仁味，肉少，种仁内有毒素，生吃有毒，主要是会产生对人体有害的氰化物，食用不当甚至能致人死亡，因此，这种粗壳澳洲坚果未能得到商业化推广和售卖，市面基本未见。不过聪明且善于实践的澳大利亚原住民懂得通过长时间的浸泡、过滤来去除毒性，因此也会采食粗壳澳洲坚果。据统计，目前澳洲坚果属植物有23个种，但可食用同时又有商业种植价值的仅有2个种，即光壳种澳洲坚果和粗壳种澳洲坚果以及它们的杂交种。粗壳种出仁率和含油量均低于光壳种，产品质地和风味也比不上光壳种，但含糖量高于光壳种，因此产品加工过程中易褐变。目前，国内外所推荐种植的澳洲坚果优良品种均属于光壳种。

真正发现澳洲坚果的过程是个惊险有趣的故事。澳洲坚果作为观赏植物种植在澳大利亚布里斯班的植物园内，作为收集世界各地珍稀坚果植物的植物园，澳大利亚的布里斯班植物园收集了很多坚果，其中既有有毒的粗壳澳洲坚果，又有美味的光壳澳洲坚果。但在当时，人们尚认为这两种植物所结出的果实都有毒，无人食用。园里有位参与过鉴定粗壳澳洲坚果的主管沃尔特·希尔，为了帮助坚果发芽，便让一位年轻的同事砸开果壳，结果领受任务的同事带着好奇心初尝了一些果仁，意外发现澳洲坚果竟如此美味！希尔听闻，惊吓之余又倍感疑惑，过几日，这位年轻同事仍旧安然无恙且兴奋宣告：澳洲坚果是他吃过的最美味的坚果！希尔最初发现的是对人体有害的粗壳澳洲坚果，而让同事砸开的是另一种可食的具有光滑表面的澳洲坚果，即澳洲坚果。因为粗壳澳洲坚果与澳洲坚果外形相似，很容易被认为两者是同一种植物，同时这也是第一桩有关人类品尝澳洲坚果的历史记录。同年，希尔栽下了园内第一株令原住民和欧洲人都垂涎三尺的澳洲坚果树，在澳大利亚布里斯班植物园，至今人们仍然能见到那株元老级创造历史的澳洲坚果树在开花、结果。

二、中国澳洲坚果发展历史

我国引种澳洲坚果，最早可以追溯到 1910 年，我国第一株澳洲坚果树是作为标本树引种在台北植物园。随后在 1931 年、1954 年和 1958 年台湾嘉义农业试验站进行了多次的引种繁殖推广，但此时澳洲坚果树都是实生树，且为零星种植，并没有出现大规模澳洲坚果种植园。1940 年岭南大学引种澳洲坚果于广州，经过多年实践，验证了其生长结果正常，但到 1951 年仍未进行商品性栽种。直到 1979 年，中国热带农业科学院南亚热带作物研究所开始进行澳洲坚果的引种试种研究，在广西、云南、四川等省份，通过引种、嫁接、建立资源圃的方式进行小范围的试种，后规模逐步扩大。

广西地处低纬度区，北回归线横贯全区中部，属亚热带季风气候区，气候温和、日照充足、雨量充沛，具有种植澳洲坚果得天独厚的自然条件。当前自治区内澳洲坚果种植区域覆盖 13 个地级市 52 个县市区，主要集中于扶绥、龙州、合山、南宁等桂中，桂东，桂西南地区。各地区种植面积在近几年均有较大幅度增长，其中以崇左、上思、宾阳地区增长明显，特别是崇左地区，地方政府大力扶持澳洲坚果种植产业，2020 年澳洲坚果被崇左市列入“十四五”乡村振兴产业，规划种植 100 万亩，成为自治区内重要的坚果产区。在种植面积快速增长的同时，坚果产量也不断提升，其中，崇左、岑溪地区发挥了主要贡献，上思、百色以及合山地区开始出现一定产量，其余地区仅有零星产量。目前国内澳洲坚果种植面积最大的省份是云南，广西仅次于云南，是国内澳洲坚果发展最迅速的省份，截至 2021 年，广西澳洲坚果种植总面积达 65 万亩。

在四川，1997 年后对澳洲坚果进行了较大规模的品种引进、商业性栽培和试验性种植。在云南，澳洲坚果被列为云南省的“18 生物资源开发工程”之后，澳洲坚果产业发展势头更是十分迅猛，截至 2021 年，云南是世界种植澳洲坚果面积最大的地区，占全球种植面积的 54%，占全国种植面积的 88%。近几年广东、贵州等地也在积极引种试种澳洲坚果。广东省澳洲坚果种植面积已超过 15 万亩，其中阳春种植面积已达 12.8 万亩，高州迅速发展 1.7 万亩；2021 年阳春澳洲坚果产业园入选广东省省级现代农业产业园建设名单。2004 年，贵州省农业科学院亚热带作物研究所引进澳洲坚果嫁接苗，在望谟示范园试种，望谟成为贵州省澳洲坚果主产区之一，现有澳洲坚果种植面积 1 万亩左右，部分进入试产期。近年来，澳洲坚果已经成为中国南方各省引种试种中最热门的树种之一。

第三节　澳洲坚果产业概况

一、世界澳洲坚果产业概况

1. 种植面积　澳洲坚果为热带亚热带常绿乔木，原产于澳大利亚，作为世界上公认的木本油料和名贵食用干果，享誉全球，其果仁富含油脂，主要由不饱和脂肪酸组成，果仁富含多种氨基酸，享有“干果皇后”和“世界坚果之王”的美称。澳洲坚果最早由美国商人引种到夏威夷开始商业种植，又有夏威夷果的别称，全球有巴西、越南、美国等 30 多个国家引种，澳洲坚果兼具良好的经济效益、生态效益和社会效益，在全世界都能看到其栽培身影。

北纬 34°到南纬 30°为种植澳洲坚果最适宜的纬度地区，这个“黄金纬度带”涉及 20 多个国家和地区，其不光有合适的纬度，还有适宜的地形条件和恰到好处的降水量，在这条“黄金纬度带”里，大多数商业性产区位于北纬 16°至南纬 24°，主产国为澳大利亚、中国、美国、南非和肯尼亚等。截至 2020 年，全世界澳洲坚果种植面积约为 42.7 万 hm^2，主要分布在中国（30.7 万 hm^2）、南非（3.7 万 hm^2）、澳大利亚（3.0 万 hm^2）、肯尼亚（2.0 万 hm^2）等国家（图 1－1）。目前澳洲坚果的主要进口国为美国、中国、日本、德国、荷兰等，主要出口国为南非、澳大利亚和中国。随着我国社会经济发展，人民生活水平日益提高，按照中国经济的增速和人民生活水平的提升，中国将很快成为全球最大的澳洲坚果消费国。据预测分析，全球澳洲坚果仁年需求量超过 50 万 t，截至 2022 年，世界澳洲坚果（壳果）总产量约 28 万 t，澳洲坚果市场供需差距明显，市场前景广阔（表 1－1）。

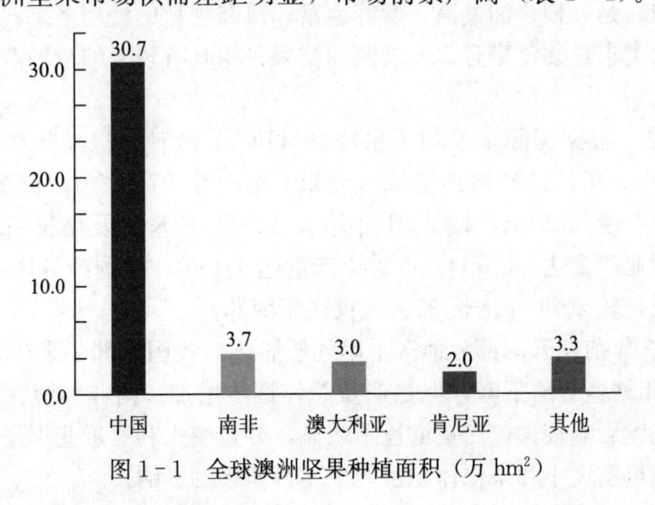

图 1－1　全球澳洲坚果种植面积（万 hm^2）

表 1-1 全球澳洲坚果壳果产量（以 3.5%含水量统计）

单位：t

国家	2021 年	2022 年	增长率（%）
南非	48 500	68 840	42
澳大利亚	54 174	52 974	−2
中国	32 000	42 345	32
肯尼亚	38 500	41 500	8
危地马拉	14 750	15 850	7
美国	15 000	14 400	−4
越南	6 700	8 000	19
马拉维	8 000	10 400	30
巴西	5 500	6 500	18
哥伦比亚	1 300	1 050	−19
其他	16 000	16 900	6
总量	240 424	278 759	16

作为澳洲坚果原产地的澳大利亚，也是全球最大的澳洲坚果产地之一。目前，全澳洲有超过 850 个澳洲坚果农场，分布于新南威尔士州、昆士兰州和维多利亚州。延伸 1 000km 的澳洲东海岸，种植了约 600 万株澳洲坚果树，其中 45%的树龄在 15 年以上，占地面积为 1.7 万 hm^2。2020 年澳大利亚的澳洲坚果种植面积达 2 万 hm^2，产量为 5.3 万 t（带壳），产值为 1.22 亿澳元，只占全球坚果市场的 3%，扩展空间较大。澳洲坚果市场前景良好，生态效益、经济效益俱佳，是一种含油量高、营养丰富、风味独特的食用坚果；全球市场对澳洲坚果的需求量逐年攀升，发展澳洲坚果种植具有较大的市场潜力和广阔的市场前景。

2. 产量 根据国际坚果和干果协会（INC）统计，世界坚果产量逐年上升。截至 2022 年，世界澳洲坚果（壳果）总产量 278 759t，较 2021 年增长 16%。南非产量 68 840t，较 2021 年增长 42%，产量以及增长率均排全球第一；澳大利亚产量达 52 974t；肯尼亚产量达 4 150t；中国产量达 42 345t，居世界第三位，较 2021 年增长 32%，仅次于南非。

受 2022 年前期云南部分地区干旱气候影响，我国澳洲坚果产量相比 2021 年和 2020 年增速有所下降，但是产量总体逐步增加。南非和澳大利亚澳洲坚果产量受气候影响较大，产量增速不明显，并且澳大利亚近些年来的干旱对于澳洲坚果的果实大小和果仁体积也产生不可扭转的影响。

据各地数据反馈显示，截至 2022 年底，中国澳洲坚果的种植面积约 30 万 hm^2，较 2021 年增长 8.67%，主要集中在云南、广西和广东地区。截至 2022 年上半年，中国澳洲坚果主要种植区域坐果情况基本稳定，即使上半年部分地区受到风灾、冰雹、干旱等不利于澳洲坚果生长坐果天气的影响，坐果率略有下降，但 2022 年中国澳洲坚果壳果产量依然保持高位，为 42 345t（壳果含水量以 3.5%统计），较 2021 年增加 32%。

2021 年 3 月至 2022 年 2 月，澳大利亚的澳洲坚果总体销量下降，直接原因是澳大利亚本土澳洲坚果生产能力有所降低。尽管如此，澳大利亚的澳洲坚果仁市场总销量在过去 5 年间仍居世界市场销量排行榜第二位，这是因为虽然澳大利亚向中国销售的带壳坚果数量正在不断减少，但以出售果仁为主的销售量却不断增加。

3. 进出口情况　根据 INC 统计，2006—2016 年，世界各国进口澳洲坚果（果仁）从 14 334t 增加到 31 187t，增长了 1.18 倍；出口量则从 14 844t 增加到 31 200t，增长了 1.10 倍。其中美国进口量为 7 233t（约占 23.19%）、中国进口量为 5 091t（约占 16.32%）、德国进口量为 3 233t（约占 10.37%）、日本进口量为 3 046t（约占 9.77%）、荷兰进口量为 2 854t（约占 9.15%），合计占全世界澳洲坚果进口量的 68.80%。因为我国“双十一”期间和新年期间对于澳洲坚果需求增长，因此带壳坚果增长量在不断攀升。“新冠”疫情期间的坚果市场主要靠电商推动，至于影响大小，需要持续关注，但值得高兴的是，澳洲坚果业在未来行业的集中度会越来越高。“新冠”疫情期间，在多数市场和供应不受限制的地区，澳洲坚果进口量在 2020 年 3 月有显著增长。在我国，由于澳洲坚果相较于其他传统坚果进入市场较晚，并未完全被大众所熟知，澳洲坚果的市场容量尚未完全打开，其市场需求仍有很大发展空间。

4. 销售情况　随着社会经济的发展，人民生活水平不断提高，人们对健康生活的关注和期望逐步增大，澳洲坚果的市场前景良好。澳洲坚果仁市场总销量在过去 5 年间仍居澳洲坚果销量排行榜第二位，原因是向中国销售的带壳坚果数量正在减少，销售量更大的是果仁。

澳洲坚果的主要出口国为南非、澳大利亚、中国等国家。根据国际坚果和干果协会统计，2016 年世界各国出口澳洲坚果（果仁）共计 31 200t，同比增长 1.92%，其中南非出口量为 7 073t（约占 22.67%）、澳大利亚 6 959t（约占 22.30%）、肯尼亚 4 753t（约占 15.23%）、美国 2 703t（约占 8.66%）、中国 2 605t（约占 8.35%）、危地马拉 1 658t（约占 5.31%）、荷兰 1 630t（约占 5.22%），合计占世界的 87.76%。其中，中国是贸易加工国，荷兰是转口贸易国。

5. 消费情况　根据国际坚果和干果协会统计，澳洲坚果的主要消费国为美国、澳大利亚、中国、肯尼亚和日本。与其他国家的坚果人均消费相比，我国坚果人均消费量远低于西方国家及全球平均水平。

2020年中国休闲零食市场、食品市场收入近6 000亿元。休闲食品能让人心情舒畅，减轻工作和生活的心理压力，随着消费者消费水平和购买力的提升，越来越多的消费者会对休闲零食有更高的需求和更高的期望，整个休闲食品行业正在向享受化、功能化和健康营养化方向发展，进而走进大众视野。目前我国的休闲零食市场处于快速发展后的早期成熟阶段，市场容量巨大，休闲零食市场甚至占据部分主食市场，整个休闲零食市场规模约5 700亿元，且随着居民生活水平提高，年复合增长率维持在6.5%以上，2022—2023年市场规模有望突破9 000亿元。中国休闲零食市场的发展趋势如下。

(1) 休闲零食市场随着中国消费结构的升级以及新生代消费群的扩容呈现爆发的势头。

(2) 休闲零食门店近几年快速增加，不仅扩充了休闲零食的销售渠道，还大大推动了各地休闲食品行业的发展。

(3) 休闲食品主食化。休闲零食市场不断占据主食市场，代餐产品迭代更新是2019年以来中国休闲食品市场最大的产品特征。

(4) 城市烘焙产业愈加发达，流行于各地的烘焙饼屋深受台湾烘焙行业的影响，开始高速发展。

(5) 休闲食品的原生态趋势越来越明显，地方特色农业产品“嫁接”休闲食品也是近几年的行业特色。

(6) 种类、口味和年龄细分市场等趋势日趋明显。在口味基础上不断追求产品的更新变化，成为企业诉求差异化产品的必然选择。

(7) 目标人群的细分及相应休闲食品高度复合。

(8) 资本市场对休闲食品的青睐度越来越高。

(9) 市场由集中逐渐向分散过渡。在相对细分的市场上，国内品牌的表现可圈可点，二三线品牌拥有创新的能力，具备破局升位的条件和基础。

(10) 跨境电商和电商平台蓬勃发展，进口食品迎来高速发展期。我国2018年外贸进出口总值30.51万亿元，比2017年的历史高位多出2.7万亿元，同比增长9.7%，规模再创历史新高，有望继续保持全球货物贸易第一大国地位。澳大利亚澳洲坚果协会公开资料显示，澳大利亚是全球第三大澳洲坚果生产商，占全球总市场份额约30%，出口市场涵盖40多个国家。

近年来随着中国市场对带壳澳洲坚果的需求不断增加，澳大利亚坚果产业与中国市场的贸易关系更趋紧密，目前澳大利亚对华澳洲坚果出口总量已经占澳大利亚总产量近1/4。为深度拓展中国消费者市场，澳大利亚的澳洲坚果行业机构投放百万澳元资金，前往中国北上广等一线城市开展产品推广活动，旨在占据中国高端坚果市场。

二、各主产国的产业特点

随着人们对澳洲坚果营养价值和经济意义认识的提升，澳洲坚果的引种开发迅速扩展到世界各地。目前全球约有30个国家种植澳洲坚果，其中栽培较集中的国家有澳大利亚、南非、美国、越南、肯尼亚、哥斯达黎加、危地马拉、巴西、中国等。

1. 澳大利亚　澳大利亚的澳洲坚果育种工作始于1948年。在一开始，澳洲坚果品种选育工作并未受到足够重视，澳洲坚果商业性种植完全依赖美国夏威夷选育的品种，澳大利亚政府认为启动本国的育种工作是一件既耗费时间又浪费金钱的事情。但是，澳大利亚和美国夏威夷的气候条件本就不同，美国夏威夷选育的品种在澳大利亚本土表现平平无奇，没有一个比得上在美国夏威夷本土的表现。为了维持澳洲坚果大国的稳固地位以及澳大利亚在澳洲坚果出口市场的竞争力，澳大利亚开始注重培育适合本国种植的澳洲坚果新品种。为了充分利用本国得天独厚的野生资源优势，澳大利亚先后对近1万份入选材料进行了筛选，通过观察环境适应性和产出优良性，选出以Own Choice、H2、A4、A16等为代表的优良品种或单株90多个，这为澳大利亚本国澳洲坚果产业发展奠定了良好的基础。

澳大利亚最早从事澳洲坚果育种的人是Norm Greber，被公认是澳大利亚“澳洲坚果产业之父”，他一生选育了O.C.（Own Choice）、Own Venture、Renown、Ebony和Greber Hybrid等优良品种，一些品种现在仍然在世界各地种植，深受人们喜爱；另一些品种则被作为亲本材料，用于培育更为优良的品种。当前澳大利亚最有影响的品种当属H. F. D. Bell，是在私人种植场Hidden Valley Plantations选育的A系列，A4、A16是其中的杰出代表，其平均单个果仁重达3.5g、2.9g，平均出仁率大于45%，这两个品种分别有100%、99%的果仁含油量在72%以上，申请并获得了澳大利亚、美国和国际新品种保护协会UPOV的新品种保护。

目前，澳大利亚推荐种植的12个品种为：HAES246、783、849、816、842、814、741、344、705和澳大利亚本土选育的Daddow、A4、A16。目前，澳大利亚广泛种植的12个品种为：HAES246、849、508、333、800、741、660、344和澳大利亚本土选育的H2、A4、A16、A38。

2. 美国　在美国，澳洲坚果的种植主要集中在夏威夷，夏威夷的澳洲坚果育种工作始于1934年，在美国夏威夷大学的农业试验站（HAES）进行，具体由热带农业与人类资源学院（CTAHR）负责该项艰巨而充满荣誉的工作。J. H. Beaumount和R. H. Moltzau于1934年启动正式的品种选育计划，

1948年，W. Storey从2万株实生结果树中选育出5个澳洲坚果品种；到1990年，CTAHR已从1.2万株实生树的初选编号植株中命名了14个品种。而后美国夏威夷大学选育出HAES814、816、843、849、835、856、857、900、950、915等澳洲坚果新品种，其中有发展前景而未命名的品种HAES816、835、856、915等正在几个不同地区进行品种区域性试验。通过多年的品种区域性试验，CTAHR于20世纪80年代初推荐了HAES294、344、508、660、741、788和800等品种供夏威夷的澳洲坚果生产使用，这7个品种的平均单个果仁重2.8g，出仁率40.4%，一级果仁率96%。1990年，CTAHR又推荐HAES790作为夏威夷商业性种植的品种。此后，夏威夷就再无新的商业品种发布，种植面积也没有新的增加。目前，就澳洲坚果品种使用情况而言，HAES344是主要的栽培种，占夏威夷澳洲坚果种植总面积的32%（个别农场高达50%）；其次为HAES246（占16%）、333（占15%）、660（占9%）、508（占7%）等，其中的老品种HAES246、333和508正逐步为HAES344所替代。

3. 南非　20世纪30年代，南非的澳洲坚果引种才正式开始。第一批澳洲坚果果园中的种子主要从美国夏威夷、加利福尼亚州，以及澳大利亚引进。20世纪70年代后，南非开始通过无性繁殖的方式来培育澳洲坚果的良种苗木。美国夏威夷的HAES246、344、660、741、788、791、800、814、816和澳大利亚的A4、A16等品种在南非澳洲坚果种植中的品种结构占很高的比例。选育适合当地种植的品种主要在南非的ITSC和Nelspruit进行，选育材料主要来自美国夏威夷和澳大利亚的种子繁殖的实生树。通过40多年的实生选种，南非澳洲坚果产业中自选品种已占很大比例，约为25%。其中最受欢迎的本地种为Nelmak2和Nelmak26，发布于20世纪70年代，可能是夏威夷实生树在南非选育出的Nelmak1的后代；南非的苗园工作者更喜爱味道更甜的粗壳种，他们培育出了6万株粗壳种实生树分布于南非各地，从中选育出的R14、W148和W266已有尚佳表现；从起源于美国加利福尼亚州的Faulkner有性后代中也选育出了多个品种，如UNP-F1、UNP-4等。通过多年的品种区域性试验，Allan于1997年推荐了4个品种，即HAES788（Pahala）、800（Makai）、741（Mauka）和816，供生产上应用。

4. 越南　澳洲坚果首次进入越南是在1994年，但其种子未经筛选，是由越南林木研究机构旗下的林木培育研究中心在河内的野外监测站进行少量种植的。这些首批次的澳洲坚果树在1999年坐果；2002年，其中一些树的产果量达到单株7kg。澳大利亚澳洲坚果协会（AMA）将9个高产高质量的品种（246、344、741、842、816、849、856、NG8和Daddow）交给越南林木培育研究中心进行适应性、生长和产量的测试。2002年，这些品种已经在越南不同的区域进行生长测试。2010 年，越南多乐省（邦美蜀地区）的澳洲坚果产量相较于其他省份产量最高；而澳洲坚果从 2004 年就已经在越南开始商业种植，这些商业种植苗是从中国进口的，但未提前进行适应性和产能的测试。由于种苗量的匮乏，目前越南的澳洲坚果种植面积还很小。据越南共产党杂志网站 2016 年 4 月 24 日的报道，当日在林同省大叻市，越南澳洲坚果协会（Vietnam Macadamia Association，VMA）召开成立大会，越南邮政储蓄银行董事局主席杨公明担任首任协会主席。该协会的成立，旨在为越南澳洲坚果种植户提供技术支持，在果树种植、果仁加工销售等方面提供服务。到 2020 年，全越南已集中在西南地区和西北地区种植 9 940hm^2 的澳洲坚果，已建成加工能力为 50～200t 的 12 个加工点。

三、中国澳洲坚果产业概况

（一）中国澳洲坚果生产和贸易概况

我国澳洲坚果最早于 1910 年在台湾省台北植物园作为标本树种引进种植，随后 1931 年、1954 年、1958 年在台湾嘉义农业试验站进行了多次的引种繁育推广，但均为实生苗种植，且为零星分布。经过多年实践，证实了其生长结果正常，直至 20 世纪 70 年代，在广西、海南、云南、贵州、四川、福建等省份通过引种、嫁接、建立资源圃等方式进行小规模试种，局部进行了较大规模发展。经过多年的发展，现主要种植区有云南、广西和贵州等省份，截至 2021 年年底，就我国各省份澳洲坚果的种植面积来说，云南省种植面积最大。

1. 种植状况　我国的澳洲坚果种植区主要分布在云南、四川、广西、广东和贵州等地。根据国际澳洲坚果研究与发展促进协会统计，2021 年我国澳洲坚果种植面积约 32.83 万 hm^2，其中，云南种植面积约 27.67 万 hm^2，占全国的 84.67%；广西种植面积约 4.33 万 hm^2，占全国的 13.25%；广东种植面积约 0.7 万 hm^2，占全国的 2.14%；贵州种植面积约 0.13 万 hm^2，占全国的 0.40%。2021 年，我国澳洲坚果（壳果，10%含水量）总产量 39 285t，较 2020 年的 30 405.50t，增长 29.20%。其中，云南产量为 29 608t（约占全国产量的 75.37%），广西产量为 8 809t（约占全国产量的 22.42%），广东产量为 850t（约占全国产量的 2.16%），贵州产量为 15t（约占全国产量的 0.04%）。据预测，中国的澳洲坚果种植面积还会进一步增加，达到一定规模后趋于稳定，澳洲坚果产量稳步上升，并维持在一定水平。市场消费也处于逐年稳定上升状态，一部分澳洲坚果加工产品会以出口的方式进行销售，以满足全球澳洲坚果消费增长的需求。

2. 生产加工状况　国内澳洲坚果加工厂主要集中在华东地区和华南地区。华东地区加工厂占全国比重的 45.7%，华南地区加工厂占全国比重的 36.9%，其他地区加工厂占全国比重的17.4%。沿海加工企业的澳洲坚果原料大多以进口为主，国内自产为辅，云南、广西的澳洲坚果加工原料以当地自产为主。

3. 营销贸易状况 中国澳洲坚果加工产品仍然以开口带壳果（“开口笑”）为主，占市场份额的80%，产品口味以奶油味和原味为主。果仁产品占市场份额比例有较大程度的上升，约占18%，主要以原味产品为主，蜂蜜味、奶油味和芥末味的产品占据少量份额。其他产品，如澳洲坚果油，和含澳洲坚果的点心、糖果、冰淇淋和化妆品占据市场份额的1%～2%，较往年同期水平变化不大。从各类澳洲坚果产品所占市场份额来看，中国澳洲坚果消费市场仍然处于初级阶段。未来一段时间内，中国澳洲坚果主流消费产品依旧是初级加工产品——开口带壳果（“开口笑”），但随着国内澳洲坚果投产面积的扩大、产量的增加以及消费者消费需求的多样化，果仁产品将不断推陈出新，衍生出更优质、更全面的高附加值产品。

4. 价格状况 受国内外现有供应量、产地加工厂的修建和市场需求旺盛的影响，国内外澳洲坚果壳果价格在2017年出现了较大幅度的上涨。全国澳洲坚果总产值达到了39 052.21万元，较2008年的4 061.40万元增长38.62倍。中国既是澳洲坚果主要进口国，也是澳洲坚果主要出口国，中国进出口澳洲坚果贸易量均居世界前列。

地头收购价：2017年全国澳洲坚果壳果（含水量约20%）的平均地头价为每千克33.55元，比2016年上涨22%，全国壳果最高的地头价为每千克44.00元，比2016年同期上涨20.88%；最低收购价为每千克24.00元，比2016年同期上涨24.35%。国内自产澳洲坚果壳果在2017年11月基本售罄，市场前景良好。

进出口价格：2012—2017年全国澳洲坚果壳果和果仁的进出口价格总体呈现上涨趋势。进口壳果价格由每千克2.80美元上涨至每千克4.64美元，进口果仁价格稳定在每千克6.19美元，6年均价每千克5.45美元；出口壳果价格为每千克4.73美元，出口果仁价格由每千克6.28美元上涨至每千克7.46美元。

5. 进出口状况 据中国海关统计，2017年中国澳洲坚果（以果仁计）进口量为6 964t，相较于2008年的3 727t增长86.85%，主要进口地区为澳大利亚、美国、南非、肯尼亚等。2017年中国澳洲坚果（以果仁计）出口量为1 641.42t，较2008年的651t增长明显，主要出口地区为澳大利亚、日本、意大利等。2013—2017年，中国澳洲坚果进口贸易额总体呈现上升趋势，从2013年的3 727.51万美元上升到2017年的9 345.74万美元。

6. 消费状况 根据国际坚果和干果协会统计，2017年我国澳洲坚果消费市场出现了明显的变化，澳洲坚果的产品规模和种类都较少，单纯销售果仁的产品基本上为国外进口。为了迎合消费者多样化的消费需求，“每日坚果”（各种坚果与果脯混搭的产品）受到市场青睐，销量大涨。产品的风味出现了比较大的变化，原味和淮盐味的产品销量均有下降的趋势，而以奶油味为主的产品销量增长明显。其他澳洲坚果副产品如坚果糖果、澳洲坚果油、坚果乳饮等产品占整个坚果副产品市场份额较小。澳洲坚果产品消费者以女性居多，年龄以青少年为主。澳洲坚果产品的供应量随着国内澳洲坚果成熟季节的到来开始持续增加，每年春节达到峰值。因澳洲坚果加工企业春节前备货基本完成，供应量逐渐下降到正常水平。随着库存消化，供应量在新果上市前达到最低点。2013—2017年，我国澳洲坚果市场规模年均增长23.2%，2017年我国澳洲坚果市场规模达到11.45亿元，同比增长22.33%。

（二）中国澳洲坚果主产区的产业特点

1. 广西　广西是我国最早进行澳洲坚果生产性种植的地区，20世纪80年代就开始发展澳洲坚果种植，目前，已经遍布广西13个以上地级市，种植面积已超1.4万hm^2，位居全国第二。广西产地中，澳洲坚果仁脂肪、蛋白质、总糖含量范围值与前人研究相符，其中澳洲坚果仁脂肪含量在73.5%以上；加之澳洲坚果本就适合在山地种植，而广西山地资源丰富，通过利用山地资源种植澳洲坚果，提高植物油自给率，可以缓解广西乃至我国植物油消费紧缺的问题。

广西不同产地澳洲坚果出种率、大果率、出仁率、好果率、果仁脂肪含量、果仁蛋白质含量、果仁总糖含量、果仁脂肪酸不同组分含量、果仁水解氨基酸不同组分含量、果仁矿物质含量存在明显差异，推测可能是受采收期及种植区域气候因子、土壤养分，以及种质品种等因素的综合影响。广西部分澳洲坚果园好果率低于97%，果园管理水平亟待提升；广西澳洲坚果仁中不饱和脂肪酸以油酸、棕榈油酸为主，水解氨基酸以药效氨基酸为主，磷、钙含量相对其他矿质元素含量较多。

（1）澳洲坚果对广西气候环境条件适应性。

①有利条件。广西南亚热带农业科学研究所（下文简称广西南亚所）官网发文，2020年7月24日，广西南亚热带农业科学研究所与广西龙州县正式签约，达成《澳洲坚果技术服务协议》，这标志着双方将构建长期稳定的协作机制。龙州县近年来充分利用当地独特的区位和生态优势，大力发展澳洲坚果产业，培育澳洲坚果新型特色经济林，提出要在“十四五”期间，全县新种植澳洲坚果面积要达到6 600hm^2以上，争取把龙州县打造成为全国最大的坚果出口基地、全国最大的坚果落地加工基地和全国最大的坚果交易基地。作为我国澳洲坚果研究历史悠久、技术成熟的科研单位——广西南亚热带农业科学研究所，曾培育出桂热1号坚果良种，拥有稳定的澳洲坚果研发团队。这次合作，再加上龙州县的政策优势，充分整合技术、资源、人才、政策的力量，助推龙

州县通过澳洲坚果产业巩固脱贫攻坚成果，促进乡村振兴来形成广西独有的澳洲坚果产业链。

广西毗邻粤港澳，面向东盟，背靠大西南，是“一带一路”“丝绸之路”和“海上丝绸之路”经济带有机衔接的重要门户，区位优势明显。澳洲坚果对温度的要求较为严苛，一般要求年平均气温在20℃以上，月平均气温13～30℃，在此温度范围内，澳洲坚果的产量最高、质量最好，低于17℃无霜冻的气候有利于花芽的分化，产生花序较多。澳洲坚果对降水量和日照也有一定的要求，通常1 600h的日照时间、660～3 300mm的年降水量较为适合澳洲坚果的生长。此外，澳洲坚果适应土壤范围广，在土层较厚、排水好、微酸性的土壤中也能生长，如沙土、熔岩土和黏土。广西属低纬地区，地势特征为四周多山，以丘陵山地为主，南临热带海洋，热量丰富，降水丰沛，研究表明，广西桂中以南地区的温度、日照、降水、土壤等条件均适合澳洲坚果的生长。因此，广西可以凭借独特自然环境和地理区位的优势，大力发展澳洲坚果的种植和出口，以第一产业带动二、三产业发展，促进广西农民增收。

40多年来，以广西南亚所为主的科研机构对澳洲坚果的生物学特性、适应性、栽培加工等技术进行了较系统的研究，在广西50多个县市进行了引种试种，确定了适宜品种种植的区域，相关栽培技术也已成熟。同时拥有澳洲坚果种质100多份，为今后的品种选育储备了充足的种源，并长期与国内外的澳洲坚果科研生产单位保持密切合作，与海南大学等热区科研院所签订科技合作协议，确保了广西澳洲坚果产业的可持续发展。广西南亚所还紧密结合产业化发展的需求，深化与政府、企业的科技合作。2016年广西南亚所牵头成立了广西坚果产业协会，携手自治区内60多家澳洲坚果企业以及100多位个体种植户共建广西坚果产业，广西澳洲坚果种植面积和产量为中国第二。2017年携手云南、广东、贵州同行成立了中国食品土畜进出口商会澳洲坚果专业委员会，并被选为专家委员会会长单位。2018年被中国食品工业协会坚果炒货委员会增补为副会长单位。通过“产学研”的有机结合，研发出了拥有自主知识产权的澳洲坚果脱皮机、分级机、破壳机、烘干机等，解决了加工难题；同时加强与坚果炒货企业的合作，解决了种植企业销售坚果的问题。

②不利条件。广西澳洲坚果主要以青皮原料销售为主，产地产品加工率不到10%，加工企业少，加工能力不足，产品种类少，市场占有率低。从事澳洲坚果研究的科研单位少，且缺少稳定的科研经费支持，产业技术体系尚未建立，在品种选育、种苗培育、病虫害防治、肥水管理、树体管理、保花保果、采收和初加工等关键技术环节的研发力度仍有待加大。同时产业协会、创新联盟和专业合作社等组织处于起步阶段，服务措施未很好地落实到田间地头，导致果园建设水平不高，服务体系建设不全，管理粗放，效益欠佳，制约了广西

澳洲坚果产业的发展。

（2）广西澳洲坚果栽培特点。目前，广西澳洲坚果种植模式以山地开行种植为主，主要是原桉树林、松树林改造，占全区种植面积的85%左右，其中土山种植约占70%，石漠化区域种植约占15%。近年来，由于国际澳洲坚果原料竞争激烈，洽洽食品股份有限公司、怡诚食品开发有限公司等国内知名炒货企业纷纷加入广西澳洲坚果种植行业，提升了澳洲坚果种植的立地标准，平地机械化种植是这些公司的主要种植模式。目前自治区内平地机械化种植面积占全区的15%左右，随着劳动力成本增加，机械化种植面积将进一步扩大。澳洲坚果对土质、水源有一定的要求，澳洲坚果适宜生长在土质深厚肥沃、土壤微酸性、靠近较好水源的区域，对光照、温度、降水量等方面也有相应的要求。不同品种对自然条件的要求不同，经过40多年引种试验和推广研究表明，由广西南亚热带农业科学研究所选育的桂热1号，澳大利亚选育的A16、O.C.，美国选育的695等品种适合在广西推广种植。

①桂热1号。广西南亚热带农业科学研究所选育出来的澳洲坚果优良品种，是国内目前具有自主知识产权的国审坚果品种，该品种树冠呈半圆形，树势中庸，树干与骨干枝呈灰褐色。2张复叶，每复叶相距3～4cm，叶尖为半球形，叶缘呈波浪形，有少量刺，叶柄约1cm，叶长10～14cm，叶宽3～4cm。年抽新梢4～5次，高温季节抽出的新梢叶片常呈淡黄色，过一段时间后才能转为绿色，这种现象在幼树更为明显，是桂热1号的一个显著特征。果实球形，有明显线沟，果底有明显白点，与线沟连在一起，果壳圆滑光亮，有点花纹，单果重8.7g。桂热1号平均出种率51.3%，出仁率33%，含油率78%；4年平均株产4.86kg，比对照品种H2平均株产3.10kg高1.76kg，增长56.8%，桂热1号试种表现优异，在岑溪市种植5年株产壳果高达10kg，是值得在广西大力推广种植的优良品种。

②A16。从澳大利亚引入，枝叶浓密，叶边有锯齿1～2个，枝条软而下垂，树冠直立，抗风力强，果皮光滑，果实中等偏大，坐果率高，果仁平均粒重3.0～3.5g，出仁率36%～38%，一级果仁率99%～100%，比其他品种耐贮藏，在广西南宁表现速生、早结，在岑溪市种植的三年生嫁接苗，植后2年100%开花结果，最高株产带壳鲜果2.5kg，植后5年平均株产鲜果7.5kg以上，表现速生、早结、抗风、年年稳产高产，是值得大力推广种植的优异品种。

③O.C.。从澳大利亚引入，树冠密集，灌木形，开张，枝条自然下垂，叶小扭曲，叶缘无刺或极少刺，反卷，枝条小而多，抗风性好，高产，果实中等大，壳果平均粒重7.7g，果仁平均粒重2.7g，出仁率33%～37%，一级果仁率95%～100%，果仁品质极好，在广西试种表现早结，定植后2～3年即

开花结果，高产稳产、抗风性强，在广西岑溪定植3年100%开花结果，定植5年株产壳果7.8kg，在岑溪市古塘村现场测得平均株产10.5kg，表现生长旺盛、早结、抗风。

④695。杂交种，从美国夏威夷引入，叶片为深绿色，叶片每边有锯齿10个以上，叶脉呈红色，嫩叶淡红色，花为淡紫红色，果皮粗糙，果实中等略小。该品种根系发达，呈塔状生长，自然分层分枝、树冠匀称、开阔，通风透气好，生长势旺盛，一级果仁率95%～100%，工厂的出仁率达39%。在南宁种植表现早结性好、早期丰产。岑溪市种植3年出圃的嫁接苗可实现当年种植当年开花结果，植后3年株产带壳鲜果可达2.5kg，六年生树平均株产15.8kg，平均产量为10 200kg/hm^2，其特点是优质、速生、早结，是广西种植最具发展前景的坚果品种之一。

广西地处低纬度区域，北回归线横贯全自治区中部，属亚热带季风气候区，气候温和，日照充足，水量充沛，具有种植澳洲坚果得天独厚的自然条件。当前自治区内澳洲坚果种植区域覆盖13个地级市52个县市区，主要集中于扶绥、龙州、岑溪、合山、南宁等桂中，桂东，桂西南地区。截至2022年底，自治区内澳洲坚果种植总面积已达4.7万hm^2，占全国种植面积的15.09%，较2021年增长16.67%。广西澳洲坚果种植产业从2009年开始迅速发展，自治区内各产区面积均有较大增长，其中以崇左、上思、宾阳等地区增长明显，特别是崇左地区，在地方政府的政策扶持下，近几年的种植面积增长迅速，已占到全区种植面积的50%以上，成为广西重要的坚果产区。澳洲坚果种植面积在快速增长的同时，产量也在不断提升，目前以崇左、梧州为主要产区，上思、百色以及合山开始计产，其余新植地区尚未投产。据预测，我国澳洲坚果种植面积将保持现有数量一段时间，但澳洲坚果产量未来10年将快速增长。云南、广西两大地区澳洲坚果产量年增长率为10%～20%。

(3) 广西自然地理环境特征。

①地形地貌特征。广西地势由西北向东南倾斜。桂东北、桂东以及桂南沿江一带有大片谷地，四周多被山地、高原环绕，呈盆地状，山地丘陵盆地地貌，盆地边缘多缺口，南边朝向北部湾。整个地势为四周多高原和山地，而平原多在中部和南部，因此地势自西北向东南倾斜，西北与东南之间呈盆地状，素有“广西盆地”之称。浔郁平原位于自治区东南部的贵港市，是广西最大的平原。广西降水充沛、河流众多，水力资源丰富，自治区内最大的河流为西江，西江支流桂江的上游称漓江，与湘江通过灵渠相通，历史上，灵渠是沟通长江流域与珠江流域的重要通道。广西东南部海岸线曲折，港湾与洁净海滩交错，景色宜人。自治区境中部有较宽广的郁江平原、浔江平原和玉林盆地等，这里地势平坦，土质肥沃，是粮食作物和甘蔗的主要产区。

②气候特征。广西气候温暖，雨水丰沛，光照充足，南临热带海洋，西延云贵高原，北接南岭山地，北回归线横贯广西中部，属亚热带季风气候区。夏季日照时间长、气温高、降水多，冬季日照时间短。受西南暖湿气流和北方变性冷气团的交替影响，干旱、暴雨洪涝、热带气旋、大风、冰雹、雷暴、低温冷（冻）害等不良天气较为常见。

整个广西水域面积 8 026km^2，河流总长 3.4 万 km，河流众多，水域发达，整个水域面积约占全自治区陆地总面积的 3.4%。雨水补给河川，滋养着万物，集雨面积在 50km^2 以上的河流约有 986 条。受降水时空分布不均的影响，径流深与径流量在地域分布上呈自桂东南向桂西北逐渐减少的趋势。河川径流量的 70%～80%集中在汛期（桂东北河川汛期在 3—8 月，桂西南河川汛期在 5—10 月，桂中诸河汛期在 4—9 月）。

广西属于亚热带季风气候区，南北以贺州—东兰一线为界，以北属中亚热带季风气候区，以南属南亚热带季风气候区。大部地区气候温暖，热量丰富，雨水丰沛，干湿分明，季节变化不明显，冬季日照适中，夏季日照充足。

广西气候温暖，热量丰富。各地年平均气温 16.0～23.0℃，等温线基本上呈纬向分布，气温由北向南递增，由河谷平原向丘陵山区递减。各地累年最高气温为 33.7～42.5℃，累年最低气温为 2.9～8.4℃。日平均气温≥10℃（活动积温），喜温作物生长期可利用充足热量资源。广西各地有效积温为 5 000～8 000℃，是全国最高积温省份之一。丰富的热量资源，为澳洲坚果产业发展提供了有利的条件。

（4）广西发展澳洲坚果产业优势。

①气候条件优越，适栽土地资源充足。澳洲坚果对温度的要求较为严苛，一般要求年平均温度在 20℃以上，月平均温度在 13～30℃，在这个温度范围内，澳洲坚果的产量最高、质量最好，低于 17℃没有霜冻的气候有利于花芽的分化，产生花序较多。澳洲坚果对降水量和日照时长也有一定的要求，通常来说 660～3 300mm 的年降水量，1 600h 的日照时长较适合澳洲坚果的生长。此外，澳洲坚果适应土壤范围广，在沙土、熔岩土和黏土中均能够生长，最为理想的是土层较厚、排水好、微酸性的土壤。广西属低纬地区，四周多山，以丘陵山地为主，南临热带海洋，热量丰富、降水丰沛；研究表明广西桂中以南地区的温度、日照、降水、土壤等条件均适合澳洲坚果的生长。

②广西地理位置优越，澳洲坚果产品市场广阔。广西比邻粤港澳，背靠大西南，面向东盟，又是“一带一路”“海上丝绸之路”和“丝绸之路经济带”有机衔接的重要门户，区位优势明显。同时，澳洲坚果种壳坚硬，耐储运，常年均可上市，货架期长，市场认可度高，受全球各地消费者的喜欢。因此，广西可以凭借独特自然环境和地理区位的优势，大力发展澳洲坚果的种植业和出

口业，以第一产业带动二、三产业发展，促进广西农民增收。

③国家和地方的“支农、强农、富农”政策扶持的力度不断加大。国家支持“三农”的政策倾斜力度越来越大，一系列政策出台，如科技富民强县专项、退耕还林补助、公益林补偿、水源林补贴、生态补偿、农民专业合作社的扶持补助、农业技术推广专项补贴、农机购置补贴、节水灌溉补助、沼气池补贴、土壤有机质提升补助政策、取消农业税、稳定和完善农村土地权属、涉农贷款激励优惠政策、涉农税收减免等，广西实施的“绿满八桂”造林绿化工程、“生态广西”建设、“优果工程”建设等对广西的澳洲坚果产业发展具有很大的激励和保障作用。

④丰产周期长，适合长期发展，助力乡村振兴。产业扶贫是“造血式”扶贫，是促进贫困群众增收的主渠道，是实现持续发展的重要支撑。“十三五”脱贫攻坚期间，因广西桂中南地区多数贫困县适宜种植澳洲坚果，澳洲坚果产业在精准脱贫过程中效果明显。“十四五”期间，广西多措并举，接续推进脱贫攻坚与乡村振兴有机衔接。澳洲坚果收益期长，达到丰产后，可持续收获30～50年。澳洲坚果产业的兴旺，将促进广大种植户持续增收致富，让脱贫成为幸福生活的新起点，巩固拓展脱贫攻坚成果，加快全面推进乡村振兴，将人民群众的美好期待照进现实。

2. 云南　云南的澳洲坚果引种试种工作开始于1981年，由云南省热带作物科学研究所牵头，随后云南省农业科学院热区生态农业研究所于1988年、云南省农垦总局于1999年两次从广东引种，引种的澳洲坚果种苗种植在河口、思茅、景洪、勐海、瑞丽、永德等地区；同期，中国科学院昆明植物研究所从国外引进澳洲坚果种子进行育种试种。云南省人民政府在1993年提出要尽快发展澳洲坚果种植业，以小果带动农民增收致富，云南省热带作物科学研究所承担了省级“澳洲坚果开发研究”课题；省科委委托云南省热带作物科学研究所在1994年提出《三万亩澳洲坚果商品基地论证报告》和实施方案，并组织实施了“澳洲坚果产业开发关键技术研究”的攻关课题；云南省人民政府在1995年“18生物工程”领导小组会审通过澳洲坚果产业化开发项目，并将其正式列为云南省“18生物工程”项目，澳洲坚果研究与种植试验示范进入实施阶段。2000年，云南省澳洲坚果试验示范林逐渐开花结果，种植效益开始显现，澳洲坚果被列为全省退耕还林造林树种，群众也开始自发地种植澳洲坚果，云南云澳达坚果开发有限公司和云南迪思企业集团坚果有限公司先后成立，澳洲坚果产业发展走上了正规化、公司化轨道。“十一五”以来，云南省委、省政府把澳洲坚果纳入木本油料产业扶持发展，云南省发展改革委、云南省林业厅把澳洲坚果纳入全省木本油料产业发展规划，整个云南省澳洲坚果基地面积以每年1万hm^2的增长速度推进。目前云南澳洲坚果无论是种植面积、产量还是产值，均居全国之首，已成为继核桃之后深受群众欢迎的特色经济林树种，是热带山区综合开发和退耕还林及咖啡地套种的首选树种，被群众亲切地称为“摇钱树”“致富树”，具备了建成特色优势产业的发展基础。截至2017年底，云南全省共有临沧、德宏、西双版纳、普洱、保山、红河、文山、怒江等8个州（市）的40个县（区、市）种植澳洲坚果，种植面积已达14.67万 hm^2，其中坐果面积约2.13万 hm^2，生产鲜果约4万t、壳果（去除鲜果青皮）1.6万t。澳洲坚果盛果期亩产可达250kg，亩产值至少6 000元。云南澳洲坚果种植、加工企业主要有云澳达、中澳农科、迪思、云垦、耀霖、结圆等，主要产品有果仁、壳果、坚果油、坚果胶囊、坚果牛轧糖等，主要商标和品牌有云澳达、云果、澳真等，其中迪思牌澳洲坚果仁、云澳达牌澳洲坚果仁被评为“云南省名牌产品”。

（1）澳洲坚果对云南气候环境条件适应性。

①有利条件。要实现澳洲坚果丰产优质，需同时满足3个条件。一是光：要求年日照1 600h以上，云南大部分区域的年日照时长在2 000h以上；二是水：要求年降水量800mm以上，否则需要灌溉弥补，云南大部分区域的年降水量在800mm以上；三是温度：年平均气温≥20℃，有效积温3 000℃以上，且要求有较大的昼夜温差，以利于油脂转化与积累。

我国北方光照好、昼夜温差大，但干旱缺水；南方贵州、四川、重庆等地，除与云南毗邻外，大部分区域光照不足，昼夜温差偏小。云南则同时满足上述3个条件，为澳洲坚果丰产优质栽培奠定了先天条件。

②不利条件。旱季雨水偏少造成土壤干旱进而影响澳洲坚果生长坐果，需人为提供一定灌溉条件；成熟期（9月）雨水多，需及时人工干燥方可保证坚果质量；云南春季气温高，澳洲坚果发芽早而易受晚霜危害。

（2）云南澳洲坚果栽培特点。云南澳洲坚果栽培跨中亚热带、北亚热带、南温带、中温带分布，与世界其他栽培区比较，云南澳洲坚果栽培环境最为复杂多样。

①澳洲坚果品种资源丰富，且地域差别明显。云南澳洲坚果栽培历史悠久，种质（品种）资源丰富。澳洲坚果在云南各地均有不同程度分布，其中大理、保山、临沧、楚雄、玉溪等地为云南澳洲坚果传统栽培区或中心产区，滇东北的丽江、迪庆、怒江、曲靖、昭通等地的澳洲坚果长期以实生方式繁殖，形成了庞大的适应区域复杂气候环境的澳洲坚果变异群体，同时也造就了多样而特异的澳洲坚果品种资源，有待挖掘和推广。省内文山、红河、普洱、西双版纳、德宏等地，大部分区域海拔低，澳洲坚果自然分布相对较少。在区域高温多湿的大环境下，澳洲坚果产量、质量与主产区比相对要差一些，病虫害要多一些，且品种混杂。

②倒春寒（晚霜）对云南澳洲坚果栽培有较大影响。云南春季气温回升快，导致云南澳洲坚果发芽早，嫩枝叶、花易受倒春寒（晚霜）危害，造成绝产或减产。云南冷空气路径有4条，分别是西北路径、北方路径、东北路径和偏东路径，而倒春寒过程的冷空气路径主要是北方路径和东北路径，东北路径是云南省最多的一条冷空气路径，也就是说，滇东北、滇中、滇西北是云南省澳洲坚果易受晚霜危害的主要区域。

（3）云南自然地理环境特征。

①地形地貌特征。云南北依广袤的亚洲大陆，南临热带海洋，西南距孟加拉湾600km，东南距北部湾400km，正处在东亚季风和南亚季风的过渡区域，又受到青藏高原的影响，从而形成了复杂多样的自然地理环境。

云南位于世界上面积最大、高度最高的青藏高原的东南部，地势特征呈现出北高南低的特点，大致由西北向东南呈阶梯状递降。省内西北部和东北部高，西北最高；西南部和东南部低，东南最低。云南地势高低悬殊，云南境内最高点在滇藏交界的德钦县怒山山脉梅里雪山的主峰卡瓦格博峰，海拔高度6 740m，而最低点在滇东南河口县红河与南溪河的交汇处，海拔高度仅76m。两地直线距离约840km，海拔高度相差6 664m，坡降达0.3%，即平均距离每千米高度下降8m左右，斜面之陡全国罕见。

东西地貌形态差异大，东部高原绵延，西部山川纵横，这便是云南省地貌形态组合区域性的特点。全省以元江谷地和云岭东侧宽谷盆地为界，大致可分成两大地貌类型区。东侧为滇东高原区，东与贵州的高原相连，北与四川盆地相接，中部高原面保存较好，为缓丘起伏的丘状高原，地貌主要呈中低山丘陵形态，古夷平面痕迹明显，发育着各种类型的岩溶（喀斯特）地貌。西侧为横断山脉纵谷区，为青藏高原向南延伸部分。北部以近南北走向的高大山脉为主体，自西而东有高黎贡山、怒山、云岭3大山系，怒江、澜沧江、金沙江穿插其间，形成山体和河谷相间排列的地貌格局。山高谷深，峰谷相对高度差多在1 000～2 500m。往南山势逐渐降低，山体起伏程度和坡度逐渐缓和，山峰河谷之间的距离也逐渐加大，已由高山、中山峡谷类型变为中山宽谷或中山盆地类型。

②气候特征。云南气候类型复杂多样，有北热带、北亚热带、南温带、中温带、南亚热带、中亚热带、北温带、高山苔原及雪山冰漠等气候，还有潮湿、湿润和半干旱的气候。热量状况相当于从海南岛到东北，水分差异相当于从东南沿海到甘肃、内蒙古一带。气候类型之多，地区差异之大，全国少有。

从南到北随着海拔的升高和纬度的增加，全省大致可分为四级热量带，即：北热带气候、南亚热带气候、中北亚热带气候和滇东北、滇西北的温带气候。水分状况以金沙江中段为最少，向东、南、西降水逐渐增加。这种大概的水热分布模式，是纬度地带性因素和经度地带性因素综合作用的结果。以哀牢山、点苍山为界，滇东、滇西气候也存在一定的差异。由于地貌条件的复杂性，除了上述一般分布规律外，在每个具体的局部范围内（如一个县、一个乡），气候的变化也是显著的，尤其是垂直方向上的差异突出，“立体气候”“山高一丈，大不一样”便是气候多样性与复杂性的真实写照。这既为农业生产的综合发展提供了良好条件，又对因地制宜发展农业提出了较高的要求，也为较大范围内相对集中布局带来了一定的困难。

云南气候的另一突出特点是干湿季分明。全省年平均降水量约 1 100mm，一般可以满足农作物正常生长的需要。降水时间分配上十分不均，80%以上的年降水量集中在 6—10 月雨季里，而 11 月至翌年 5 月的旱季里降水甚少。

（4）云南发展澳洲坚果产业优势。

①优越的自然条件。最适宜澳洲坚果生长和开花结实的气候条件就在云南广大热区。没有“台风”“飓风”等风灾天气，云南种植澳洲坚果的气候优势强于广东、广西等沿海地区。云南的德宏、普洱、西双版纳、临沧等地区拥有海拔 1 300m 以下的广大山区和半山区，加上丰富的热区气候资源，全省适宜种植澳洲坚果的土地面积超过 3 000 万亩。

②良好的政策扶持基础。云南省委、省政府自 2006 年以来就把澳洲坚果列入重点扶持的产业。中央及省级财政在 2011—2014 年共安排专项补助资金 1.5 亿元，扶持新建基地约 4.31 万 hm^2。同时，国家林业和草原局在《全国优势特色经济林发展布局规划（2013—2020 年）》中也将澳洲坚果确定为西南高原季风性亚热带片区的优势特色经济林树种，并且加大了扶持力度，澳洲坚果被确定为退耕还林、防护林建设、造林补贴等林业重点工程主要造林树种。

3. 贵州　贵州省农业科学院亚热带作物研究所在 1993 年引种澳洲坚果，经过多年的试验研究，发现澳洲坚果适宜贵州热区气候，并且贵州的澳洲坚果耐瘠薄、干旱及粗放管理，抗寒性和抗病虫性强，四季常青，适应性强，果实特别耐贮藏。目前，已鉴选出适合贵州立体气候条件种植的 O.C.、788、H2 等品种，并于不同年份在望谟、兴义、关岭建立了规模不一的澳洲坚果示范园（有的已达到丰产期），为贵州澳洲坚果种植推广提供了示范和样板。2017 年，贵州澳洲坚果种植面积约 1 106.7hm^2，其中望谟 343.3hm^2、关岭 224hm^2、兴义 156.7hm^2、赤水 33.3hm^2、贞丰 40.7hm^2，其他地区为零星种植。

（1）澳洲坚果对贵州气候环境条件适应性。

①有利条件。贵州南盘江、北盘江、红水河及赤水河流域等的低热海拔区

域（简称贵州热区），年均气温16.4～21℃，热量充足，光照适宜，雨量适中，适宜澳洲坚果的生长发育。区域水源好，无工业污染，环境质量好，土壤无污染，为绿色或有机澳洲坚果的生产提供了得天独厚的自然地理条件。适宜区域为贵州南盘江、北盘江及红水河流域海拔低于1 000m，赤水河流域海拔低于550m，樟江流域海拔低于600m，乌江流域海拔低于500m，清水江、都柳江、舞阳河流域海拔低于4 500m，年均气温高于18.0℃，极端最低温度高于－2℃，年降水量高于800mm，大于10℃年有效积温高于5 500℃，无霜期达330d以上的地区。种植澳洲坚果要求选择土层厚度70cm以上，地下水位在100cm以下，土质疏松，土壤肥沃，结构良好的壤土、沙壤土，pH5.5～8.0的平地或缓坡地。澳洲坚果在贵州有50cm厚土层的石漠化土地上同样可以种植。

②不利条件。立体农业气候显著，年度间气候变化大为贵州的主要气候特点。灾害性天气时有出现，贵州地形切割严重，海拔高度差大，气候差异明显，夏季高温干旱严重地区不宜种植。

（2）贵州自然地理环境特征。

①地形地貌特征。贵州高原山地居多，地势西高东低，山峦起伏，地貌类型复杂，自中部向北、东、南三面倾斜，平均海拔在1 100m左右。贵州地貌属于中国西南部高原山地，素有“八山一水一分田”之说，是全国唯一没有平原支撑的省份。全省地貌可概括为高原、山地、丘陵和盆地4种基本类型，其中92.5%的面积为山地和丘陵。北部有大娄山，自西向东北斜贯北境，川黔要隘娄山关高1 444m；中南部苗岭横亘，主峰雷公山高2 178m；东北境有武陵山，由湘蜿蜒入黔，主峰梵净山高2 572m；西部高耸乌蒙山，属此山脉的赫章县珠市乡韭菜坪海拔2 900.6m，为贵州境内最高点。境内山脉众多，重峦叠嶂，绵延纵横，山高谷深。而黔东南州的黎平县地坪镇水口河出省界处，海拔为147.8m，为境内最低点。贵州岩溶地貌发育非常典型，喀斯特地貌面积109 084千米^2，占全省总面积的61.9%，境内岩溶分布范围广泛，形态类型齐全，地域分布明显，构成一种特殊的岩溶生态系统。

②气候特征。贵州位于东经103°36′—109°04′，北纬24°35′—29°09′，属亚热带湿润季风气候区域，四季分明、春暖风和、雨量充沛、雨热同期，是一个隆起于四川盆地和广西丘陵之间的亚热带高原气候区，境内冬春少雨、夏秋多雨，小气候类型多样。贵州南亚热带气候主要分布于南盘江、北盘江、红水河、赤水河、都柳江、清水江、阳河、乌江、锦江等流域的32个地区，年均气温为16.4～21℃，最热月（7月）平均气温22～31℃，最冷月（1月）平均气温3.6～11.1℃，极端最低温－5.5～－2℃，≥10℃年活动积温4 500～7 000℃，年日照时数1 000～1 714h，年降水量777～1 500mm。

第四节　澳洲坚果产业发展的建议

一、发展思路

习近平总书记在2018年全国生态环境保护大会上强调，要加快建立健全以生态价值观念为准则的生态文化体系，以产业生态化和生态产业化为主体的生态经济体系。以土地资源为依托，以市场为导向，以科技为支撑，促进林业增效、林农增收、澳洲坚果产品竞争力增强，广泛运用现代科学技术、先进管理经验和现代生产经营组织方式，打造澳洲坚果在全国乃至国际有优势、有影响、有竞争力的战略品牌，使澳洲坚果产业成为高效林业典型示范产业和促进山区农民增收致富、改善山区生态环境的重要产业。充分发挥自然条件和产业基础优势，把澳洲坚果产业建设成为助力乡村振兴的特色产业。

一是有优越的自然条件。广大热区气候条件最适宜澳洲坚果的生长和开花结果，我国有着广阔的热区土地资源，加之退耕还林、陡坡地生态治理和低效林改造等工程的推进，适宜种植澳洲坚果的土地面积广阔。

二是有良好的产业基础。广西垦区澳洲坚果种植企业主要有金光农场、龙北总场、百合农场、红河农场，据2017年统计数据，澳洲坚果种植面积最多的是金光农场，种植面积总量达到8 000亩，青皮果产量2 000t，产值3 200万元，是自治区内影响最大的国有澳洲坚果种植企业；新丰农业综合开发有限公司是广西岑溪第一家种植澳洲坚果的公司，在上海国际农展中心举办的第十五届中国绿色食品博览会上，岑溪市新丰坚果专业合作社的"岑珍阁"牌澳洲坚果荣获博览会金奖，公司采用"公司＋合作社＋基地＋农户"的经营模式，种植澳洲坚果500多亩，由公司牵头成立的新丰坚果专业合作社的全部社员的种植面积则有7 000多亩，澳洲坚果成了带动当地农民增收和地方经济发展的"绿色银行"。云澳达公司和迪思公司都是云南省省级林业龙头企业，云南省澳洲坚果种苗培育和供应、高效种植试验示范、产品深加工、科研和技术服务、进出口贸易实现了公司化运行，在龙头企业的示范带动下，群众种植澳洲坚果积极性空前高涨，为基地建设奠定了群众基础。

三是有科技支撑优势。广西、广东、云南的相关科研机构对澳洲坚果进行了多年研究，在育种、种植技术和病虫害防治等方面获得了多项科研成果。广西南亚所于2005年选育出澳洲坚果品种桂热1号，适宜在龙州、扶绥、宁明、凭祥等地种植；2013年自行选育出南亚1号，可在桂西南、桂东南无严重霜冻、无台风危害的地区种植。同时，获得澳洲坚果接穗培育方法、澳洲坚果采后修剪方法、澳洲坚果驳枝育苗方法、澳洲坚果挤压破壳工具、澳洲坚果大树移栽的栽培模式、手执澳洲坚果破壳器、澳洲坚果专用夹、澳洲坚果凋落物分层器等多件专利；除此之外，还推广高效种植模式，延长坚果产业链，探索出了“澳洲坚果＋凤梨”“澳洲坚果＋牛大力”“澳洲坚果＋农作物”等套种种植模式，形成以短养长，用短期经济效益辅助长期的澳洲坚果种植效益，极大解决了澳洲坚果种植投资回报周期较长、产业进入门槛较高的问题，有效带动了农民种植的积极性。农业农村部制定了《澳洲坚果　果仁》（NY/T 693—2020）、《澳洲坚果　带壳果》（NY/T 1521—2018）、《澳洲坚果　种苗》（NY/T 454—2018）、《澳洲坚果栽培技术规程》（NY/T 2809—2015）、《澳洲坚果质量控制技术规程》（NY/T 3602—2020）、《澳洲坚果　等级规格》（NY/T 3973—2021）等一系列农业行业标准，为全国的澳洲坚果产业发展提供了技术保障。

二、澳洲坚果产业发展中存在的主要问题

单从广西、云南来说，澳洲坚果产业发展取得了较好成效，但放眼全国的澳洲坚果产业，还存在着一些突出问题需要研究解决。

（1）种植栽培管理技术薄弱。引种前期，适合我国种植的澳洲坚果品种十分有限，近年来随着苗木供应问题解决，市场供应明显过剩，造成苗木供应商积极性下降，将对未来几年的苗木供应量造成影响。此外，良种培育、肥水管理、树体管理、保花保果、采收等技术和产品品质控制等关键技术环节研发力度仍有待加大；由于我国90％以上的基地是在“十二五”期间建成的，部分基地未进行品种间隔行混交，果园普遍存在规范化管理水平不高，技术推广体系不健全，技术推广队伍数量有限，管理粗放等问题，加上澳洲坚果坐果晚、见效慢，果农对果园的管理积极性不高，产量和产值普遍不高。

（2）经营管理模式粗放，单产低、效益差。虽然我国澳洲坚果种植面积大，但总体而言，种植管理模式较为粗放，未严格按照规范化种植管理技术进行建园和管理，部分地区把澳洲坚果种植与日常的荒山绿化造林同等对待，没有按照产业培植的标准和要求进行种植、经营管理，造成品种搭配不合理，树体、养分管理水平差，直接影响树体开花结实率和果品品质，再加上“抢青”现象普遍，果实未成熟就采摘，严重影响了澳洲坚果在市场上的声誉。

（3）产业层次低，企业小、散、弱。我国澳洲坚果的产品形式主要为带壳果、开口笑和果仁等初级加工品，产品缺乏澳洲坚果产品标准，在国内市场，开口壳果产品中只有三只松鼠、百草园、新农哥和天虹等几个品牌，从种植澳洲坚果面积最大的省份云南省来看，云南澳洲坚果的加工年产值只有7 000多万元，云南省57件林业类“云南省名牌产品”中，澳洲坚果相关品牌仅有4家，云南省澳洲坚果的产业现状与其澳洲坚果种植面积大省的地位是不匹配的。澳洲坚果产业发展迫切需要扶持像“六个核桃”一样的龙头企业来带动产业发展。

(4) 标准体系和市场体系不健全。种植澳洲坚果的部分省份尚未建立系统的澳洲坚果质量控制标准体系，如采后处理技术规范、壳果质量标准、原料果仁质量标准、开口笑产品标准、果仁及其加工产品系列标准等，导致产品质量参差不齐，贸易缺乏定价依据。同时，坚果交易与其他农副产品一样，属于传统自然交易形式，市场体系不健全，无法实现产销有效结合，交易方式成为阻碍产业发展的瓶颈。

(5) 去壳工艺及设备研发不足。我国的澳洲坚果种植面积和产量规模在逐年扩大，但由于整个产业起步较晚，缺乏相关采后处理技术、产品加工技术和装备，目前澳洲坚果的脱皮工作几乎全部由手工完成，去果壳的工具和设备研发进度也大大滞后。主要体现在自动化程度低和各环节之间的连接性不高，导致生产效率低下，制约了澳洲坚果规模化生产。今后几年，随着现有幼龄果园的陆续投产及果园进入丰产期，我国澳洲坚果的产量将大幅增长，脱壳加工技术落后而造成的瓶颈问题将变得日益突出。

(6) 精深加工利用技术薄弱。目前我国澳洲坚果以初级加工为主，加工产品主要有开口壳果、果仁、澳洲坚果油等。其中开口壳果占60%～70%，其市场份额正逐步提高到80%～90%；果仁的份额正由30%～40%减少至10%～20%，其他产品如澳洲坚果油，以及含澳洲坚果的糖果和休闲食品，以澳洲坚果为原料制成的化妆品所占的份额变化不大。我国在澳洲坚果深加工研发方面仍未重视。澳洲坚果的产地加工处理率低，果仁的整仁率低，产品多为初加工品，精深加工的能力不强，产品不多，品质不高，附加值低，副产物利用程度也低。采后加工环节已经成为制约澳洲坚果产业发展的瓶颈。

(7) 加工副产物利用的科技支撑不足。目前，澳洲坚果主要利用的是其果仁，而大量的青皮和外果壳成为农林废弃物被大量丢弃，造成资源浪费和环境污染。青皮中富含大量的活性物质未得到合理应用。果壳主要成分为纤维素和木质素，是生产活性炭等新型生物材料的最优原料。果仁榨油后的饼粕含有大量的蛋白质和微量元素，可用于生产中小学生代餐粉、功能饮品、咖啡伴侣等。但目前在澳洲坚果副产物利用方面的科技支撑不足，市场上终端和高端产品稀少，导致三产不平衡，待澳洲坚果大面积丰产后，没有中下游产业支撑，势必造成价格下降，给整个产业发展带来隐患。

三、加快推进澳洲坚果产业发展的建议和意见

一是加大投入，提高补助标准。建议国家财政安排澳洲坚果产业发展专项资金扶持基地建设，补助标准提高至每亩500元。二是加快良种扩繁和标准化栽培示范，加强宣传发动和技术培训，加强产品研发和精深加工。三是开展澳洲坚果提质增效示范基地建设，全面加强抚育管护，努力实现栽培管理标准

化，提高产量和品质。四是鼓励扶持澳洲坚果林下种植、养殖产业发展，大力发展林下经济。五是加强对澳洲坚果采携、除皮、烘干等主要环节的技术培训，推广使用先进实用技术，在主产区逐步推广机械采收、机械除皮、机器烘干。六是大力支持龙头企业开启产业技术培训，推广使用先进实用技术，在企业内部逐步推广机械采收、机械除皮、机器烘干。七是大力支持龙头企业筹备成立产业协会，扶持重点乡村组建专业合作社，建立起以企业为龙头、基地做示范、农户为基础的发展模式，把澳洲坚果建成云南高原高效特色林产业，为热带山区群众培植新的经济增长点。

（1）启动“绿色食品”计划，加快坚果产业三产融合建设。按照政府打造“绿色食品”“健康生活目的地”的部署要求，建议尽快启动八大重点产业的行动计划，出台相关切实有效的举措，重点支持澳洲坚果延伸产业链的综合加工与利用，有效提高澳洲坚果附加值。利用云南、广东、广西第一产业的种植优势，大力发展二、三产对坚果产业的促进作用，形成具有优势高原特色的坚果深加工产业集成与示范。

（2）建立坚果产业技术体系，提高科技支撑力。参考国家现代农业产业技术体系运作模式，建立澳洲坚果现代农业产业技术体系。我国澳洲坚果种植面积每年以10%的速度在增加，通过体系建设，建立国家级和省级产业技术研发中心和综合试验站等机构，在主产区设立若干综合试验站，通过体系建设，发挥各单位的优势，针对产业发展中面临的共性技术，联合攻关，重点研发适合山地的小型松土机械、修枝除草机械、采后处理机械等，通过政府引导、课题申报以及招商引资等多种形式，对产业形成强有力的科技支撑。

（3）加强坚果产业标准体系建设，推进规范化种植模式。在相关部门引导下，加强坚果产业标准体系建设。在澳洲坚果重点发展地区建设良种良法示范种植基地，配备相应的技术人员和资金，提供澳洲坚果良种和栽培技术培训，带动本地区果农优质高效种植澳洲坚果。在坚果标准方面，构建以产业为主导、产业联盟为申报主体、基地为依托、政产学研结合的，既与国际标准接轨，又适应全国坚果产业发展的坚果标准体系。从企业标准、地方标准，再突破到行业标准和国际标准。

（4）加大产业扶持政策倾斜，促进产业高质量发展。为促进我国澳洲坚果产业的健康发展，出台一些产业扶持政策。一是在科技创新和技术推广方面增加投入；二是整合各种产业资金，改善果园基础设施，特别是在节水灌溉、山地农用机械应用等方面；三是扶持壮大现有龙头企业，引进一批国际一流企业，国内外企业共同打造“中国坚果”世界名片；四是建立澳洲坚果交易中心，并纳入农产品交易体系。

第二章 澳洲坚果仁的综合开发与利用

第一节 澳洲坚果的营养价值

食物中的有效成分称为营养素。营养素包含构成人体的最基本的物质，蛋白质、脂类、碳水化合物、无机盐、维生素、水和膳食纤维。它们在人类机体内相互作用、相互影响，共同参与、推动和调节生命活动的同时，又具有他们各自独特的营养功能。机体通过食物与外界联系，保持内在环境的相对恒定，并完成内外环境的统一与平衡。

澳洲坚果是一种油脂含量高、口感香脆且具有浓郁香味的优质食用坚果，果实包括果皮、种壳和种仁 3 个主要组成部分，食用部分为种仁，有“干果皇后”之美称。澳洲坚果皮为青绿色，占果实鲜重的 45%～60%，是澳洲坚果初加工后的副产物，绝大部分被丢弃，仅有少量用作肥料或动物饲料，几乎未得到有效利用。随着我国澳洲坚果产业的快速发展，澳洲坚果皮的相关性质也逐渐被报道，研究表明，澳洲坚果皮内含 14%鞣质，并含有 8%～10%的蛋白质，粉碎后可混作家畜饲料，也含有 1%～3%的可溶性糖和单宁，可应用于医药、皮革、印染和有机合成工业。澳洲坚果种壳呈褐色，约占带壳果干重的 2/3，富含粗纤维和生物活性物质，从澳洲坚果壳中提取出的黄酮类化合物和多糖具有较强的抗氧化活性，种壳也可制作活性炭、滤料或建材。

澳洲坚果种仁为果实的胚，呈乳白色或乳黄色，球状，干重 2～3g，为澳洲坚果的可食部分，烤制后酥脆可口，有独特的奶油清香，是一种品质良好的食用坚果，也是目前被认为的最好的桌上坚果之一。澳洲坚果仁营养丰富，脂肪含量 65%～80%，远高于花生（44.8%）、腰果仁（47%）、杏仁（51%）和核桃（63%）等，其中不饱和脂肪酸占脂肪酸总量的 80%以上，澳洲坚果是果仁中唯一富含棕榈油酸的木本坚果类果树。澳洲坚果仁的营养成分主要为粗脂肪、蛋白质和碳水化合物，其中粗脂肪含量高达 78.6%，蛋白质含量约为 7.1%；此外其含有的矿物质主要包括钾、磷、镁、铜、锌、钙等；维生素则包括 B 族维生素、维生素 C 和维生素

E；其他生物活性物质还包括植物甾醇（主要是β-谷甾醇）和酚类。果仁的详细营养组成见表2-1。

表2-1　澳洲坚果仁中营养组成

组成	含量
每1kg可食用部分能量（kJ）	30.64
蛋白质（g，以每100g计）	7.1
脂肪（g，以每100g计）	78.6
饱和脂肪酸（g，以每100g计）	11.4
单不饱和脂肪酸（g，以每100g计）	61.1
多不饱和脂肪酸（g，以每100g计）	0.014
碳水化合物（g，以每100g计）	14.3
钙（mg，以每100g计）	46.4
铁（mg，以每100g计）	1.8
锌（mg，以每100g计）	1.4
镁（mg，以每100g计）	0.12
维生素A（mg，以每100g计）	0
B族维生素（mg，以每100g计）	0.4
维生素C（mg，以每100g计）	1.6
维生素E（mg，以每100g计）	0.7

1. 粗脂肪和脂肪酸　澳洲坚果中的粗脂肪含量在70%以上，脂肪酸是澳洲坚果油脂的主要成分，分为饱和脂肪酸、单不饱和脂肪酸和多不饱和脂肪酸，其中不饱和脂肪酸占总脂肪酸的80%以上。脂肪酸的种类、含量和比例决定了油脂的营养价值，是油脂的评价指标之一。不同种质资源的澳洲坚果仁中粗脂肪和脂肪酸含量有所差异，如表2-2所示。不同澳洲坚果种质果仁的粗脂肪含量普遍较高，平均含量为77.63%，其中粗脂肪含量高于平均含量的种质有12份。参试种质中，粗脂肪含量最高的种质是自选优株116，为80.28%；而粗脂肪含量最低的种质是引进品种Own Venture，为75.49%。澳洲坚果仁主要含有8种脂肪酸，包括3种不饱和脂肪酸（油酸、棕榈油酸和二十碳烯酸）和5种饱和脂肪酸（棕榈酸、硬脂酸、花生酸、肉豆蔻酸、二十一烷酸）。按27份种质的主要脂肪酸平均相对含量由高到低排序为：油酸（65.51%）、棕榈油酸（12.57%）、棕榈酸（9.44%）、硬脂酸（4.32%）、花生酸（3.00%）、二十碳烯酸（2.41%）、肉豆蔻酸（0.51%）和二十一烷酸（0.32%）。总体而言，澳洲坚果中油酸、棕榈油酸和棕榈酸是含量较高的脂肪酸，约占总脂肪酸的87.52%，其余5种脂肪酸则为低含量脂肪酸。其中，油酸、棕榈油酸和二十碳烯酸等不饱和脂肪酸

的平均相对含量总量较高，占总脂肪酸的80.49%。

表2-2　不同种质澳洲坚果仁中粗脂肪和脂肪酸含量

单位:%

种质	粗脂肪	油酸	棕榈油酸	棕榈酸	硬脂酸	花生酸	二十碳烯酸	肉豆蔻酸	二十一烷酸
H2	77.95	67.88	12.16	9.07	3.86	3.04	2.89	0.40	0.29
O.C.	77.30	67.82	12.06	9.07	4.51	2.95	2.39	0.40	0.37
DAD	77.16	67.08	12.71	8.60	5.66	2.84	2.13	0.40	0.28
NG18	79.56	62.34	11.57	10.01	4.58	2.60	2.20	0.42	0.20
Yonik	77.92	68.5	11.27	8.95	5.04	3.09	2.35	0.36	0.37
Winks	77.02	67.91	11.62	9.09	4.71	3.23	2.25	0.36	0.26
Own Venture	75.49	68.39	12.72	8.70	3.74	2.74	2.49	0.56	0.32
B3/74	77.54	62.17	13.34	9.31	4.13	2.89	2.70	0.79	0.67
HAES 333	77.19	53.25	13.82	12.78	3.66	2.42	1.79	0.56	0.29
HAES 344	75.93	66.34	12.13	8.88	4.75	3.61	2.57	0.50	0.36
HAES 695	78.99	65.26	9.86	9.20	5.51	3.61	2.54	0.40	0.25
HAES 783	78.47	67.62	12.00	9.41	4.10	3.19	2.52	0.37	0.35
HAES 788	76.68	65.06	12.94	10.4	3.99	2.71	2.31	0.42	0.34
HAES 814	76.78	62.46	10.78	9.04	5.90	3.00	2.05	0.83	0.28
HAES 922	77.98	63.98	12.01	9.56	3.79	2.92	2.46	1.04	0.30
特殊种	77.63	65.40	14.99	9.26	4.03	2.95	2.17	0.45	0.29
南亚1号	79.42	64.81	14.75	10.00	4.31	3.09	2.28	0.36	0.10
南亚2号	76.50	67.06	12.75	8.79	4.10	2.97	2.91	0.40	0.61
南亚3号	77.16	67.41	10.75	8.51	5.70	3.86	2.57	0.36	0.33
A	78.14	66.52	12.83	8.76	5.05	3.38	2.26	0.35	0.33
B	79.14	60.58	15.60	10.63	2.09	2.74	2.31	0.80	0.29
D	77.34	66.41	13.81	9.42	3.90	2.74	2.49	0.46	0.31
10	76.73	62.14	12.91	10.91	3.65	2.81	2.36	1.06	0.21
24	76.73	62.14	11.17	8.99	4.19	2.83	2.46	0.40	0.24
74	76.98	65.91	13.79	9.25	3.41	2.73	2.86	0.48	0.39
114	78.04	68.98	11.63	8.86	4.01	2.95	2.50	0.41	0.33
116	80.28	67.14	13.49	9.16	3.89	2.77	2.31	0.46	0.32

通过分析8种澳洲坚果仁中脂肪与脂肪酸含量的差异情况，测定得出8种澳洲坚果仁中粗脂肪含量717.4～760.3mg/g，8个品种间的变异系数为1.94%；澳洲坚果油含有8种脂肪酸，其中不饱和脂肪酸含量达80%以上，主要是油酸和棕榈油酸，饱和脂肪酸含量为20%以下，主要为棕榈酸。采用气相色谱-质谱联用技术分析澳洲坚果仁中的脂肪酸组分，表明澳洲坚果不饱和脂肪酸主要由油酸以及棕榈油酸组成。对榛子、阿月浑子、澳洲坚果、杏仁、花生、葵花籽中的粗脂肪和脂肪酸含量进行分析，测定发现这6种坚果中粗脂肪含量分别达到33.95%、30.91%、27.69%、30.49%、49.81%、53.16%，其中不饱和脂肪酸的含量分别占其脂肪酸总量的93%、85%、83%、95%、82%、87%。据报道，来自新西兰7个不同地方的4个品种的澳洲坚果仁的脂肪含量为69%～78%（干基），脂肪含量由于产地、品种的不同而有所差异。对28份澳洲坚果种质果仁组分进行相关性分析，发现粗脂肪含量与粗蛋白含量和可溶性糖含量都呈极显著负相关。另外，脂肪酸组分的相关性分析表明油酸、棕榈油酸、二十碳烯酸、棕榈酸等脂肪酸含量之间存在较强的相关性，且粗脂肪含量与各脂肪酸组分含量无显著相关性。杨为海等对28份澳洲坚果种质果仁的粗脂肪及油酸、棕榈油酸、棕榈酸、硬脂酸、花生酸、二十碳烯酸、肉豆蔻酸及二十一烷酸的含量进行测定，结果显示其平均值分别为77.61%、65.51%、12.57%、9.44%、4.32%、3.00%、2.41%、0.51%、0.32%，表明8种脂肪酸之间存在显著的正相关或负相关关系，同时通过聚类分析，可将28份种质分成4个具不同脂肪酸含量特点的类群。

2. 澳洲坚果氨基酸

（1）澳洲坚果中的氨基酸组分。澳洲坚果仁中人体必需氨基酸的含量从高到低大致为亮氨酸、赖氨酸、缬氨酸、苯丙氨酸、异亮氨酸、苏氨酸、甲硫氨酸。对5个品种澳洲坚果仁氨基酸的种类、含量进行了测定与分析，结果表明：澳洲坚果仁中氨基酸的平均总含量为81.82mg/g，种类齐全，共含17种氨基酸，其中包括7种人体必需氨基酸，人体必需氨基酸含量占氨基酸总量的27.86%，且其所占比例的变异系数小，仅为2.2%，性状较为稳定；同时明确氨基酸种类以脂肪族氨基酸为主，芳香族和杂环族氨基酸也占有较大的比例。

（2）澳洲坚果氨基酸的作用。

①协助蛋白质在机体内的消化和吸收。蛋白质作为机体内第一营养素，它的作用至关重要。蛋白质不能直接被人体所利用，需要在人体内转换变成氨基酸小分子后才被利用吸收。

②氮平衡作用。氮的总平衡指人体从每日膳食中摄取蛋白质的质和量适宜

时，摄入的氮量与人体各项排出的氮量相等。实际上是蛋白质和氨基酸之间不断合成与分解之间的平衡。正常人突然增减食物时，机体还可以调节身体蛋白质的代谢来维持氮平衡，因此，每人每天进食的蛋白质应该保持在一定的范围内；如果食入过量蛋白质，超出机体调节能力，氮平衡就会被破坏；完全不摄入蛋白质，体内组织蛋白分解，持续出现负氮平衡，如不及时采取补救措施，终将导致机体死亡。

③转变为糖或脂肪。氨基酸分解代谢所产生的α-酮酸，可再合成新的氨基酸，或转变为糖、脂肪，或进入三羧酸循环氧化分解成CO_2和H_2O，并放出能量。

④参与构成酶、激素、部分维生素。酶的化学本质是蛋白质（氨基酸分子构成），如淀粉酶、胃蛋白酶、胆碱酯酶、碳酸酐酶、转氨酶等。含氮的激素其成分是蛋白质或其衍生物，如生长激素、促甲状腺激素、肾上腺素、胰岛素、促肠液激素等。有的维生素是由氨基酸转变而来或与蛋白质结合存在的。酶、激素、维生素在调节生理机能、催化代谢过程中起着十分重要的作用。

⑤供应人体必需氨基酸。成人蛋白质需要量的20%～37%应该是必需氨基酸。

（3）澳洲坚果氨基酸的功效。

①延年益寿。老年人需要更多的蛋白质，老年人体内蛋白质分解较多而合成减慢，生理机能减弱。同时，老年人对蛋氨酸、赖氨酸的需求量也高于青壮年。60岁以上老人每天应摄入70g左右的蛋白质，而且必须要求蛋白质质量好、涉及种类广泛、营养均衡。

②氨基酸在医药上主要用来制备复方氨基酸输液，也用作治疗药物和合成多肽药物。目前用作药物的氨基酸有100余种，其中包括构成蛋白质的氨基酸20种和构成非蛋白质的氨基酸100多种。

由多种氨基酸组成的复方制剂在现代静脉营养输液以及“要素饮食”疗法中占有非常重要的地位，是目前医药领域不可或缺的药品之一，它对维持病重患者身体基本所需的营养以及抢救患者生命起着非常重要的积极作用。谷氨酸、精氨酸、天冬氨酸、胱氨酸、L-多巴等氨基酸可单独用于治疗一些疾病，例如用于治疗肝病、消化道疾病、脑病、心血管病、呼吸道疾病等，还有提高肌肉活力和孩童营养、有助解毒等功效。此外，有研究表明氨基酸衍生物有望在癌症治疗上发挥积极辅助功效。

3. 澳洲坚果蛋白质　研究蛋白质的分子组成和结构构象是了解蛋白质整体结构的重要组成部分，也是探究蛋白质在食品工业中应用的必不可少的一步。蛋白质的基本单位是氨基酸，是通过肽键构成的生物大分子。氨基酸的排列顺序及组成方式不同造成了蛋白质在功能和结构上的多样性。蛋白质是结构复杂的生物大分子，具有一级、二级、三级和四级结构，蛋白质分子结构的复杂性决定了其多样的功能特性。已有许多研究表明蛋白质结构构象在决定其功能性质方面的重要性，例如：有研究表明，不同 pH 环境下，大麻种子分离蛋白在溶解性、持油性上都发生了变化，进一步使用荧光等手段表征其结构的变化，说明结构变化与功能性质的差异具有相关性。植物蛋白是人类和动物重要的食品来源，对植物蛋白结构特性的研究有助于对其进一步了解和利用，研究其结构特性如分子量分布、二级和三级结构、微观形貌等，是确定植物蛋白是否适合某些功能用途的关键。因此，为了提高澳洲坚果蛋白质在食品中的增值利用率，了解各种环境条件下蛋白质的结构特性是十分必要的。

研究表明澳洲坚果仁经榨油后得到的果粕含有约 30%的蛋白质，分析显示果粕中必需氨基酸含量丰富且营养均衡，是提取蛋白质的优良植物资源，而目前，脱脂澳洲坚果粕的主要用途是作动物饲料，造成了极大的资源浪费。因此，研究澳洲坚果蛋白质的提取方法、结构特性以及功能特性，对澳洲坚果蛋白的开发利用具有重要的意义。

以澳大利亚品种 Own Choice 为测试样，测得果仁中蛋白质含量为 8.17%。分析澳大利亚品种 Own Choice 和夏威夷品种 Ikaika（333）、Kau（344）、Keaau（660）、Purvis（294）、Beaumont（695）等 6 个不同基因型澳洲坚果的营养成分并对其品质进行评价，结果表明：蛋白质含量平均值为 7.46%，变幅为 6.82%～8.17%，含量最高的品种是 Own Choice、最低的品种是 Beaumont。国外有报道称澳洲坚果仁中的蛋白质含量为 13%，同时，也有报道显示澳洲坚果仁蛋白质含量则为 8%～20%，这主要与所测定的品种及其栽培、气候等条件有关。

对 28 份澳洲坚果种质果仁的粗蛋白含量进行测定，结果表明含量为 6.5%～7.5%，同时果仁中的蛋白质含量变异系数较大，为 9.66%。另外，果仁不同组分之间的相关性分析表明，粗蛋白含量与氮元素含量呈极显著正相关，与磷元素含量呈显著正相关，而与粗脂肪含量呈极显著负相关，与锌元素含量呈显著负相关。

（1）澳洲坚果蛋白质的营养价值。澳洲坚果仁中蛋白质的含量为 7.1%左右，包含 17 种氨基酸，其中部分为人体自身无法合成、需要由食物提供的必需氨基酸。WHO/FAO 于 1973 年曾提出用必需氨基酸模式来确定样本中必需氨基酸的氨基酸比值、比值系数以及比值系数分。国内有学者对广西 3 个主栽品种（桂热 1 号、O.C.、695）澳洲坚果仁中氨基酸的含量与组成进行了测定与分析，比较分析了不同品种间氨基酸的差异性、必需氨基酸和氨基酸总含量的变化情况，并采用模糊识别法和氨基酸比值系数法对其营养价值进行了评价。结果表明：澳洲坚果仁中含有亮氨酸、丝氨酸、赖氨酸等17种氨基酸，其中谷氨酸约占3.84%，是含量最高的氨基酸，其次是精氨酸和天冬氨酸；澳洲坚果仁中含有7种人体必需氨基酸，其中蛋氨酸的含量差异性较大，7种必需氨基酸含量和氨基酸总量呈显著正相关关系，其果仁蛋白与FAO/WHO推荐模式值和全蛋白模式值的贴近度均较高。澳洲坚果仁中氨基酸的组成合理，各种氨基酸的比例均衡且有较高的营养价值。

（2）澳洲坚果蛋白的提取。目前，国内外关于澳洲坚果蛋白质功能性质的研究相对较少。国外学者主要围绕澳洲坚果蛋白质的提取工艺及相关多肽产品开发利用等方面进行研究，而我国的研究内容也与之相似。国外有报道从澳洲坚果脱脂粉中提取的蛋白质具有一定的功能性，从澳洲坚果7S球蛋白中发现了新型抗菌多肽，pH会影响澳洲坚果分离蛋白的提取率及功能性质。

目前国内外对于从澳洲坚果粕中提取蛋白质并进行理化分析的报道还较少，为推进澳洲坚果蛋白在食品工业中的开发利用，提取蛋白组分、分离蛋白并对其进行理化特性分析是十分必要的。Osborne四步分离法根据蛋白质在溶剂中的溶解度差异，将澳洲坚果蛋白分为清蛋白、球蛋白、谷蛋白和分离蛋白4个组分，其提取纯度分别为84.59%、92.33%、81.53%和84.32%，得率分别为2.39%、11.62%、4.45%和12.97%，而不同蛋白质组分在理化及功能特性上都表现出差异（表2-3）。

表2-3　澳洲坚果蛋白营养成分的含量

（引自：彭倩，2018）　　单位：%

组成成分	脱脂粉	清蛋白	球蛋白	谷蛋白	分离蛋白
蛋白质	33.10±2.1	84.59±0.65	92.33±0.24	81.53±1.18	84.32±0.75
水分	8.33±0.93	7.33±0.86	2.46±0.77	7.41±0.51	6.77±0.16
灰分	3.63±0.16	2.06±0.14	0.38±0.25	0.36±0.29	0.90±0.02
粗脂肪	20.08±0.37	0.26±0.06	0.88±0.09	1.64±0.12	1.47±0.14
得率	—	2.39	11.62	4.45	12.97

澳洲坚果脱脂粉中最主要的成分是蛋白质，含量达到33.1%，其次是粗脂肪（20.08%），说明石油醚搅拌浸提脱脂不能充分除去澳洲坚果粕中的脂肪。而经过提取后的4种澳洲坚果蛋白的蛋白质含量都在80%以上，球蛋白含量更是高达92.33%；澳洲坚果蛋白的粗脂肪含量均低于2%，其中清蛋白的粗脂肪含量低至0.26%，说明Osborne四步分离法能较为有效地分离蛋白质和其他杂质；清蛋白、球蛋白、谷蛋白和分离蛋白的灰分分别为2.06%、

0.38%、0.36%和0.9%，表明经过透析后，蛋白提取液中的盐离子能较大程度地被除去。营养成分分析结果表明，四步分离法能对澳洲坚果蛋白进行初步分离提纯，得到纯度较高的澳洲坚果蛋白各组分。

Osborne四步分离法获得的澳洲坚果脱脂粉及蛋白氨基酸含量分析见表2-4。碱溶酸沉法、TRIS-HCl法和盐溶法获得的澳洲坚果蛋白氨基酸分析见表2-5。

表2-4　Osborne四步分离法获得的澳洲坚果脱脂粉及蛋白氨基酸含量

（引自：彭倩，2018）

氨基酸组成	清蛋白	球蛋白	谷蛋白	分离蛋白	脱脂粉	FAO/WHO/UNO	
						儿童	成人
天冬氨酸	4.91	5.82	6.37	6.83	2.79		
苏氨酸[a]	2.49	1.68	2.61	1.84	0.95	3.40	0.90
丝氨酸	2.35	2.82	3.95	3.77	1.36		
谷氨酸	13.18	19.21	13.41	14.96	7.32		
甘氨酸	2.68	2.98	3.93	3.49	1.48		
丙氨酸	2.35	2.04	3.21	2.46	1.19		
半胱氨酸	1.45	2.30	0.46	0.94	0.67		
缬氨酸[a]	2.14	2.11	3.21	2.72	1.06	3.50	1.30
甲硫氨酸[a]	0.31	0.26	0.35	0.39	0.13		
异亮氨酸[a]	1.38	1.61	2.26	1.99	0.74	2.80	1.30
亮氨酸[a]	2.59	3.19	4.97	4.05	1.56	6.60	1.90
酪氨酸	2.73	4.12	3.60	3.72	1.52		
苯丙氨酸[a]	1.33	1.61	1.95	1.61	0.68		
组氨酸[a]	2.74	2.30	2.50	2.23	0.98	5.80	1.60
赖氨酸[a]	3.42	2.30	2.28	2.01	1.13	1.90	1.60
精氨酸	5.77	10.32	8.36	9.23	4.05		
色氨酸[a]	ND	ND	ND	ND	ND	1.10	0.50
含硫氨基酸[b]	1.76	2.56	0.81	1.33	0.8	2.50	1.70
芳香族氨基酸[c]	4.06	5.73	5.55	5.33	2.20	6.30	1.90
疏水氨基酸[d]	12.52	14.68	19.20	16.55	6.75		
EAA/TAA（%）	31.28	23.28	31.72	27.04	26.20		

注：每个数值都为测定3次后的平均值，氨基酸含量以每100g蛋白质计，单位为g；a：必需氨基酸；b：甲硫氨酸＋半胱氨酸；c：苯丙氨酸＋酪氨酸；d：丙氨酸＋缬氨酸＋异亮氨酸＋苯丙氨酸＋酪氨酸＋亮氨酸；EAA：必需氨基酸含量；TAA：总氨基酸含量；ND：表示未检出。

从氨基酸分析数据可知，与脱脂粉相比，分离提取后的澳洲坚果蛋白中氨基酸含量更高，必需氨基酸能达到 FAO/WHO/UNO 推荐成人标准，其中 4 种澳洲坚果蛋白的赖氨酸含量均超过推荐儿童标准，赖氨酸是大部分谷物食品中的第一限制性氨基酸，而澳洲坚果蛋白较好地填补了这一空缺，可作为营养补充剂添加到婴幼儿食品中，并且澳洲坚果蛋白的缬氨酸和异亮氨酸含量也接近推荐儿童标准。同时，澳洲坚果蛋白富含谷氨酸，这与大部分种子储藏蛋白相似。甲硫氨酸是澳洲坚果蛋白的第一限制性氨基酸，球蛋白的芳香族氨基酸和含硫氨基酸含量较高。谷蛋白和分离蛋白具有较高含量的疏水氨基酸，这表明它们含有较多的疏水性基团，可能会表现出较差的溶解性质。清蛋白、球蛋白、谷蛋白和分离蛋白的必需氨基酸含量分别占氨基酸总量的 31.28%、23.28%、31.72%和 27.04%，与大豆蛋白（32.70%）接近，表明澳洲坚果蛋白可作为一种优良的氨基酸膳食资源。

表 2-5　不同提取方法获得的澳洲坚果蛋白氨基酸组成

（引自：黄宗兰，2015）

氨基酸	碱溶酸沉法	TRIS-HCl 法	盐溶法
组氨酸[a]	2.33	2.36	2.17
苏氨酸[a]	3.78	4.11	3.64
半胱氨酸[a]	0.61	0.51	0.53
缬氨酸[a]	4.71	5.08	4.73
甲硫氨酸[a]	1.19	1.36	1.40
异亮氨酸[a]	3.84	4.15	3.82
亮氨酸[a]	7.92	8.53	7.68
酪氨酸[a]	5.91	6.20	6.20
苯丙氨酸[a]	3.49	3.39	2.64
赖氨酸[a]	3.44	3.11	2.62
天冬氨酸	5.72	6.42	8.89
丝氨酸	3.88	4.42	5.40
谷氨酸	15.70	15.87	19.74
甘氨酸	4.09	4.42	5.42
丙氨酸	3.26	3.52	3.72
精氨酸	13.29	13.62	14.16
必需氨基酸总量	37.21	28.79	35.43
总氨基酸含量	83.15	87.07	92.78
必需氨基酸比例（%）	44.75	44.55	38.19

注：每个数值都为测定 3 次后平均值，氨基酸含量以每 100g 蛋白质计，单位为 g；a：必需氨基酸。

澳洲坚果分离蛋白质中氨基酸含量丰富，3种提取方法分离蛋白中，盐溶法提取蛋白总氨基酸含量最高（92.78g），其次为TRIS-HCl法（87.07g），碱溶酸沉法提取蛋白总氨基酸含量最低（83.15g）。在3种提取方法分离蛋白中，主要组分是谷氨酸（15.70～19.74g）和精氨酸（13.29～14.16g）。

综合表2-4和表2-5，不同的提取方法获得的澳洲坚果蛋白中，各种氨基酸组分的含量有所差异，但必需氨基酸能达到FAO/WHO/UNO推荐成人标准，再次说明澳洲坚果蛋白可作为一种优良的氨基酸膳食资源。

国内外对澳洲坚果蛋白的加工还处于初级起步阶段，对澳洲坚果蛋白进行分级分离和深加工的技术还较为缺乏，对蛋白产品的开发利用则更少，特别是经过冷榨法提取高级食用油之后的坚果粕，富含优质蛋白质资源，目前仅部分作为动物饲料或全部被直接丢弃，造成了极大的资源浪费。因此从澳洲坚果粕中提取优质植物蛋白并应用于食品工业中，能大幅提高产品的附加值和利用率。

提取油脂后的澳洲坚果粕含水量较低，包装后可长期储藏等待进一步加工。脱脂果粕富含蛋白质和多糖，仍是有价值的食物资源。目前对于澳洲坚果脱脂粉蛋白已经有相关报道，主要集中于浓缩蛋白和分离蛋白。与分离蛋白和浓缩蛋白相比，植物蛋白组分具有优秀的功能性质，如溶解性、乳化性、持水持油性等，在坚果蛋白的提取及性质研究方面已经做了许多研究，对坚果蛋白组分的研究表明不同蛋白组分在功能和结构特性上具有显著的差异，可根据各蛋白组分的特性用于不同食品的加工。

4. 澳洲坚果仁矿质元素 矿质营养是衡量澳洲坚果仁品质的重要指标之一，澳洲坚果仁富含多种矿质元素，K、P、Mg、Ca是其含量较高的4种元素。各元素含量在不同品种澳洲坚果仁中存在较大的差异，其平均含量由高到低依次为K>Mg>P>Ca。其中，K平均含量高出Mg、P、Ca平均含量的2～4倍，成为澳洲坚果仁内较为主要的矿质元素。因此，经常食用澳洲坚果仁，可及时补充K元素，对人体渗透压失衡、生理活动失常有积极帮助。

以28份澳洲坚果种质为试材，研究不同种质间果仁的8种矿质元素含量的差异与特点，试验发现各矿质元素在不同种质果仁之间差异较大，平均含量由高到低排序为K>Mg>P>Ca>Mn>Fe>Zn>Cu，K与Mn、Fe分别为果仁内较为主要的大量元素与微量元素，聚类分析将28份澳洲坚果种质划分为3个类群；通过对澳大利亚品种Own Choice（O.C.）的果仁进行矿质营养元素分析，澳洲坚果各矿质元素含量分别为：Cu 20.01mg/kg、Fe 82.86mg/kg、Mn 100.60mg/kg、Zn 38.51mg/kg、Ca 0.104 2%、Mg 0.102 3%；通过研究28份澳洲坚果种质果仁的主要成分，测得大部分种质果仁中的P含量为

0.15%～0.18%、K 含量为 0.32%～0.43%、Ca 含量为 0.09%～0.11%、Mg 含量为 0.16%～0.20%、Mn 含量为 80～120mg/kg、Zn 含量为 25～35mg/kg、Fe 含量为 75～100mg/kg、Cu 含量为 14～22mg/kg，所测矿质元素含量的变异系数均在 10%以上；对中国热带农业科学院南亚热带作物研究所提供的澳洲坚果仁进行矿质元素测定分析，在已检出的 12 种矿物质中 K、P、Mg、Ca 含量很高，K 含量最高，为（4.37+0.96）mg/g，P 含量其次，为（1.53±0.17）mg/g，Mn、Zn、Fe、Cu 较丰富。分析测定来自南亚东南沿海地区的 8 个采样地的澳洲坚果仁中的 8 种矿质元素，结果发现，其中 7 种矿质元素按下列顺序依次减小：Mg>Ca>Fe>Zn>Cu>Cr>As，但 Mn 含量表现出明显的变化性，变化幅度从（10.21±0.47）μg/g 至（216.4±0.47）μg/g。

不同品种的澳洲坚果仁中，矿质元素含量存在一定的差异性（表 2-6）。

表 2-6　不同品种澳洲坚果仁矿质元素含量

单位：g/kg

品种名称	K	P	Mg	Ca
H_2	3.31	1.61	1.93	0.92
O.C.	4.82	1.70	2.08	1.16
DAD	4.10	1.55	1.73	0.89
NG18	3.85	1.66	2.06	0.84
Yonik	3.78	1.70	1.80	0.84
Winks	4.08	2.00	1.86	1.00
Own Venture	4.69	1.68	1.99	1.03
B3/74	4.25	1.25	1.58	1.13
HAES 246	3.16	1.45	1.70	1.01
HAES 333	3.41	1.77	1.85	0.89
HAES 344	3.72	1.73	1.88	0.96
HAES 695	4.26	1.39	1.69	1.07
HAES 783	3.67	1.51	1.75	1.01
HAES 788	4.22	1.61	1.89	1.01
HAES 814	4.03	1.66	1.76	0.93
HAES 922	3.97	1.56	2.02	1.21
特殊种	2.98	1.51	1.75	1.19
南亚 1 号	3.68	1.82	1.88	0.91

（续）

品种名称	K	P	Mg	Ca
南亚 2 号	4.33	2.07	2.23	1.05
南亚 3 号	3.86	1.74	2.55	1.05
南亚 116 号	4.47	1.49	1.88	1.05
A	3.26	1.65	1.66	0.85
B	3.55	1.63	1.50	1.01
D	3.48	1.52	1.50	0.74
10	4.64	1.81	1.63	1.03
24	4.14	1.93	1.78	1.08
74	3.37	1.51	1.88	1.03
114	3.34	1.58	1.98	0.94
平均值	3.87	1.65	2.21	1.30

Mn、Fe、Zn、Cu 是澳洲坚果仁中较为主要的 4 种微量元素，各微量元素含量在不同品种澳洲坚果仁中存在较大的差异（表 2-7），不同品种澳洲坚果仁的微量元素平均含量由高到低依次为 Mn>Fe>Zn>Cu。其中，Mn、Fe 的平均含量高出 Zn、Cu 平均含量的 3～5 倍，成为果仁内含量较高的两种微量矿质元素。研究证实，微量元素与机体健康关系非常密切，Mn、Fe、Zn、Cu 被公认为是人体内不可或缺的微量元素，有利于提升人体免疫功能、预防相关疾病。因此，澳洲坚果仁不仅可以作为人体必需微量元素 Mn、Fe 的重要来源，还可以成为补充人体易缺乏微量元素 Zn 的良好食品。

表 2-7　不同品种澳洲坚果仁微量元素含量

单位：mg/kg

品种名称	Mn	Fe	Zn	Cu
H_2	162.12	91.42	31.27	15.70
O.C.	82.31	83.60	22.12	21.20
DAD	55.54	85.13	33.37	15.90
NG18	64.07	75.68	26.55	20.50
Yonik	102.09	91.79	21.48	19.30
Winks	98.19	88.73	25.47	17.00
Own Venture	94.35	82.18	26.72	18.40
B3/74	97.09	83.00	28.44	19.00
HAES 246	96.50	86.38	32.56	17.00

（续）

品种名称	Mn	Fe	Zn	Cu
HAES 333	91.56	98.65	21.06	15.30
HAES 344	57.75	101.56	34.57	18.40
HAES 695	110.07	83.69	28.44	14.50
HAES 783	75.88	82.38	24.67	15.30
HAES 788	65.20	83.40	31.80	15.20
HAES 814	90.53	90.57	25.08	17.10
HAES 922	111.71	90.12	41.72	15.70
特殊种	136.26	108.42	27.09	16.00
南亚1号	84.58	90.92	25.83	19.90
南亚2号	48.14	160.98	34.54	21.00
南亚3号	101.39	91.82	26.30	20.90
南亚116号	119.20	76.09	32.85	18.60
A	104.47	78.87	28.80	28.30
B	86.46	97.10	35.03	20.90
D	111.42	94.97	31.78	18.90
10	148.60	86.40	25.20	15.40
24	90.38	89.42	29.34	26.70
74	80.83	83.75	37.55	22.90
114	118.80	79.35	34.87	14.50
平均值	95.91	90.58	29.46	18.55

澳洲坚果仁的矿质元素含量在不同种质之间差异较大，4种常量元素与4种微量元素在28种澳洲坚果仁内的平均含量由高到低依次分别为K>Mg>P>Ca与Mn>Fe>Cu>Zn，其中K平均含量高达3.87g/kg，食用澳洲坚果为人体调节K平衡提供一定保障，Mn、Fe平均含量分别为95.91mg/kg和90.58mg/kg，成为果仁内较为主要的微量矿质元素，食用澳洲坚果可以补充人体Mn、Fe等微量元素。

5. 澳洲坚果其他营养物质　除脂肪、蛋白质、矿质元素等营养物质，澳洲坚果仁和果皮还含有维生素、酚类、糖类等营养物质。

澳洲坚果仁的可溶性糖含量因品种、种植环境、管理措施、成熟度等的不同而不同。有学者研究认为，果仁中可溶性糖的含量仅为13.6g/kg，而另有学者测定的该含量为42g/kg，且所含的糖主要为果糖、葡萄糖和蔗糖。HAES 508、HAES 246、HAES 344和HAES 660等4个品种中，澳洲坚果仁蔗糖含量为21.1～51.7g/kg，葡萄糖和果糖含量均在3.6～6.5g/kg，这些结果与A38、246、816、842和Dad 5个品种的含量相似，即蔗糖含量为23～50g/kg、葡萄糖含量2.0～4.0g/kg。澳洲坚果还含有单糖鼠李糖、半乳糖醛酸、半乳糖和阿拉伯糖，其组成比例为1∶2∶4∶6，且可能具有益生元功能。可溶性糖含量的差异是造成不成熟澳洲坚果仁烘焙时容易发生褐变的主要原因。

澳洲坚果中的膳食纤维含量，也因品种、种植环境、管理措施、成熟度等的不同而不同。巴西澳洲坚果品种791 Fuji果仁粗纤维含量为6%，而HAES 741和HAES 842品种粗纤维含量高达30%以上。

关于澳洲坚果中酚类物质的含量，也存在着很大的差异。有学者报道澳洲坚果仁中的酚类物质含量为450～460mg/kg，另有学者认为澳洲坚果油中的酚类物质含量为43～55μg/g。澳洲坚果仁中的酚类物质有2,6-二羟基苯甲酸、2-羟基-4-甲氧基苯乙酮、3,5-二甲氧基-4-羟基-乙酰苯、3,4-二甲基肉桂酸，它们在澳洲坚果油中的含量分别为20.4～27.6μg/g、6.0～7.8μg/g、9.8～11.2μg/g、7.0～7.6μg/g；另外，澳洲坚果仁中的酚类物质还有对羟基苯甲醛、对羟基苯甲酸、对羟基苯甲醇和3,4-二羟基苯甲酸等。

澳洲坚果仁中还含有维生素E，主要为α-生育酚，其在澳洲坚果油中的含量为97.9～146.9μg/g。澳洲坚果油中的酚类物质和维生素E，对人体有降血脂、预防心血管疾病、抗氧化、抗癌等保健作用。

第二节　鲜食澳洲坚果

（一）鲜食澳洲坚果方法

澳洲坚果可以生吃，也可以烘烤。果农刚从树上摘下的原味坚果是营养较多、添加剂最少的果子，是鲜食澳洲坚果的首选。如果选择工厂初加工的果子，首先要检查成分标签，切勿选择经过各种植物油烘烤、油炸过的坚果。选择原味坚果，可以将澳洲坚果储存在密封容器中，并置于阴凉干燥的地方。如果不打算在接下来的2～3周内吃，建议冷冻。高脂肪的食物，尤其富含单不饱和脂肪酸的食物，如果在中高温的环境中放置太久，很快就会变质。

生的澳洲坚果中含有丰富的不饱和脂肪酸、蛋白质、碳水化合物等成分，可以食用。但是因为没有加热和添加糖类、香精等成分，生的澳洲坚果的味道较淡，没有市面上的炒货澳洲坚果香，而且其油脂的味道浓郁。生的原味澳洲坚果果壳较硬，较难打开，这是因为果肉和果壳中含有丰富的水分，肉质紧贴在果壳上。想打开生的澳洲坚果是有诀窍的：首先用钳子把澳洲坚果固定住，防止其滚动，然后用锤子等工具敲破，用勺子或其他工具将澳洲坚果肉取出即可。

因为生澳洲坚果含水分较大，果肉与果壳紧密贴合，经过烘干或者其他初步处理后的澳洲坚果肉更好取出。首先将生澳洲坚果暴晒2d，去除表面绿色表皮，将去皮的澳洲坚果放入烘干机烘干，也可以用烤箱，调整温度在45～55℃，大约烘烤24h，水分会大量损失，果实比较容易打开，打开之后即可鲜食澳洲坚果。

（二）鲜食澳洲坚果的好处

①新鲜。生澳洲坚果一般都是刚刚摘下的，因此十分新鲜，相较于不知存放时间的加工澳洲坚果，食用生澳洲坚果比较好。

②未有添加剂。未经过多层加工、包装等程序，由自己加工的生澳洲坚果不含有市面上有些坚果产品所含有的添加剂、防腐剂、香精等成分，减少人体对添加剂的摄入。

③不饱和脂肪酸含量高。生澳洲坚果中含有的不饱和脂肪酸含量很高，而加工之后，果实中大量的不饱和脂肪酸氧化成饱和脂肪酸，因此相比而言，生澳洲坚果的营养价值更高。

（三）鲜食澳洲坚果注意事项

①对澳洲坚果过敏的人和动物请勿食用。对其他坚果有过敏现象的人群，应避免食用澳洲坚果；狗可能对澳洲坚果的某种化学成分过敏，会引发中毒反应，故需要避免狗误食澳洲坚果。澳洲坚果的磷含量很高，患有肾脏相关疾病的人群需要在专业医生的指导下再选择是否食用澳洲坚果。澳洲坚果对孕妇和腹腔疾病患者几乎没有任何副作用，但需要注意的是，在食用澳洲坚果前要认真检查标签，即使是外表完好的坚果也要确认其是否发霉变质，从而确保食用品质。

②澳洲坚果壳坚硬，打开困难，在开果时应该将其固定，防止滚动，然后用利器破壳后方可食用。

③澳洲坚果所含热量较高，根据中国居民膳食指南（2016）建议，平均每天“大豆类＋坚果”的总量在25～35g比较合适，因此每天食用5～6个澳洲坚果为宜。

第三节　加工澳洲坚果

一、澳洲坚果作为可食农产品开发

（一）澳洲坚果作为可食农产品开发的前景

中国是一个农业大国，农业关系到国计民生，是国民经济的支柱产业。伴随农业生产总值的稳步增长，中国农业生产经营水平稳步上升，农民生活水平稳步提高。在农业产业化实现较快发展的同时，中国农产品加工业规模也呈快速扩张之势，加工企业数量不断增加，且经营效益良好。随着人们生活水平的不断提高，生活中需要更精制、更方便、营养更全面、多种口味、多种风格的农产品，这些需求必须通过对农产品的进一步开发才能实现。因此，开发更多、更好的农产品具有重要意义。

澳洲坚果的果仁营养丰富，呈奶白色，外果皮青绿色，内果皮坚硬，呈褐色，单果重 15～16g，含油量 70%左右，含蛋白质 7.1%，含有 7 种人体必需氨基酸，还富含矿物质和维生素。近年来澳洲坚果的进出口量都在上涨，年均消费增长较快。我国澳洲坚果种植面积仍在不断扩大，产量也在增加，价格稳步上涨。国外澳洲坚果的开发利用途径已经很多，但在我国这一资源并未得到较好的开发利用，尤其是澳洲坚果作为可食农产品的开发利用。澳洲坚果富含不饱和脂肪酸，具有优异的抗氧化和抗衰老作用，对心脑血管疾病等有一定的预防作用。人体衰老和各种疾病的发生与体内氧化和抗氧化反应动态平衡的崩溃有关，各种天然抗氧化剂对人体维持这种平衡有很好的保健作用。澳洲坚果的抗氧化作用不仅能延缓衰老，而且还具有提高人体免疫功能和抗肿瘤的作用。因此，对澳洲坚果可食农产品进行研究也成了澳洲坚果经济价值研究的一种趋势。

（二）澳洲坚果作为可食农产品开发的应用

（1）采收适期。澳洲坚果采收的时间非常重要，若采收过早，果仁不饱满，出仁率低，果皮不易剥离，且不耐贮藏；采收过晚，则果实留地面时间过长，会增加受霉菌感染的概率，导致果实品质下降，因此，澳洲坚果适时采收是一个很重要的生产技术环节。采收宜选择在晴天（阴雨天或雨后初晴都不适宜采收），以提高果实的质量及贮藏性。

澳洲坚果的花期长达 1 个月以上，坚果成熟期一般在每年 8 月中旬至 10 月中旬，果实成熟时间不一致，需要先熟先采收。果实成熟后，果皮会由褐色变为深褐色，果壳坚硬，果皮易剥离，此时种仁饱满，呈白色或乳白色，风味清香，是果实采收的最佳时期。

（2）采收方法。澳洲坚果的果仁相当脆弱，它被包覆在两层保护层里。去除掉外面一层较软的青皮，里面是一层坚硬的褐色果壳，一旦果实成熟，最外面的青皮会出现裂痕，完全成熟时果子会从树上自然掉落。澳洲坚果的采收一般有人工手动采收法和机械震动采收法，果实成熟时，宜采用果钩将总苞逐个剥落。用其他方法打落熟果容易伤到果树枝叶，影响翌年的产量；使用机械采收时，采收前两周对果树喷施 500 倍乙烯利液催熟，然后用合适的机械震动枝干，使熟果掉落，用乙烯利会导致叶片早期脱落，并在一定程度上影响果树的生长。澳洲坚果种植面积大，一般采用机械收集坚果，然后运回加工厂集中加工。

(3) 加工工艺。

①带荚坚果→脱果荚→带壳果分级→带壳果干燥处理→贮藏→破果壳→果仁分级→包装。

②果园收集带荚坚果。澳洲坚果因品种不同，成熟时间存在差异，成熟带荚果会陆续掉落地面，应在果实掉落后每2～3d收集1次，果实收集后，将混入的石子、空果、落叶等杂物清理干净，运送至加工厂进行下一步加工。

③脱果荚。刚收获的成熟坚果果荚含水量35%～45%，果仁含水量23%～25%，应在24h内去果荚，如果不能在24h内去果荚，必须把带荚果放在通风干燥的地方晾晒，但不能直接置于阳光下暴晒，同时注意，若将带荚果堆放在一起，在高温高湿的作用下坚果容易发酵腐败，影响品质。

人工脱果荚法：用橡胶坐垫固定坚果，然后用锤敲击使果皮分离，此法适用于小规模种植园，优点是果皮易剥落，对果壳伤害不大，出仁率高，品质可得到保障。

机械脱果荚法：用双螺杆式脱荚机，在机械摩擦及压力的作用下使果皮分离，此法的优点是青皮易脱离，工效高，适用于大种植园。采用此法应把弹簧压力调至最佳位置，尽量不伤果壳，避免果壳破裂后影响果仁品质（图2-1)。

图2-1　澳洲坚果去皮机

④带壳果的筛选分级。带壳果用筛或多级转筒式分级机进行分级：一级果直径≥27mm，二级果直径24～27mm，三级果直径18～24mm。要求果壳表面光滑、清洁，不完整果总计不得超过4%。

⑤带壳果的干燥处理。澳洲坚果脱去果荚后，果仁的含水量23%～25%，要及时进行干燥处理。正确的干燥工艺及处理时间才能获得耐贮存的壳果和好品质的果仁。

一是自然风干。把分级的坚果摊晾在晾果架上，摊放厚度不应超过 20cm，每天翻晾几次，约 1 周后摇动坚果可听到果仁在种壳内碰击声时，此时果仁含水量约在 10%，可供短期贮藏和销售。

二是人工干燥。坚果产量较高的地区宜集中加工，以加快干燥速度，达到所要求的含水量。目前带壳果加工厂采用两种干燥装置，其原理是把坚果放入干燥箱或干燥仓内，经人工鼓风和加温进行干燥。为了保证果仁的质量及延长带壳果的贮存时间，去荚后的带壳果干燥温度应按下述步骤进行：摊晾（2～3d）→常温（2～3d）→38℃（1～2d）→44℃（1～2d）→50℃（干燥到所要求的含水量为止）。

未经过烘干的澳洲坚果会存有很多水分，还有繁衍下一代的能力，能够发芽长成果树，果实一旦发芽，果仁会变成褐色，味道会变苦。只有经过烘干这一步的澳洲坚果，才能安全贮藏。

⑥带壳果贮藏。带壳果一般采用普通室内贮藏和低温贮藏。在贮藏过程中要避免壳果从高处突然下落，因为剧烈碰撞会使果仁受损，带壳果含水量在 10%以下时，允许下落的高度为 2m。

一是普通室内贮藏。将干燥好的带壳果装入麻袋，置通风干燥背光处贮藏，果带堆垛应留通道，距离库墙 25～30cm；为避免潮湿，地面应设 10cm 以上的防潮层。

二是低温贮藏。把带壳果干燥至果仁含水量低于 5%，用麻袋或塑料袋包装，贮藏在 0～4℃的低温冷库中，可防止因油脂氧化而产生的酸败，保存期可达 1 年以上。

⑦破壳果（取仁）。澳洲坚果壳硬度较高，里面的果仁却非常脆弱。果仁和果壳紧密相连。一般情况下敲碎果壳，果仁也会被敲碎。如何能保证敲碎果壳但不破坏里面的果仁是加工中的重要一步，由于在干燥的过程中，澳洲坚果壳内的果仁会缩小，果仁会与坚硬的外壳分开，因此，加工工厂选择二次干燥，这样就能保证果仁的完整性。

破壳取仁是澳洲坚果加工技术的一道非常重要的工序，破壳前的果仁含水量一般控制在 2%～5%。通常采用人工或机械使果仁和果壳分离。

一是人工法。用手柄摇杆压力式半连续破壳机，压果时应注意将腹缝线与刀口面垂直放置，用力均匀，切忌猛压或多次连压，否则将影响果仁的完整率，降低果仁的商品价值。

二是机械法（图 2-2）。其工作原理是用一把固定刀，一把旋转刀，在一定的腔里来回夹迫果壳，使果壳和果仁分离。然后经过筛选，再经清水浮选，进一步干燥至果仁含水量 1.5%以下，才适于贮藏或以后的焙烤。

⑧果仁分级。果仁分为 3 级：将干燥后的果仁置于净水中浮选，果仁的含

油量≥72%，在密度为1.00kg/L的水中漂浮的果仁即为一级果仁，特征为果仁丰满、浅色、基部光滑，烤制后呈亮棕黄色，质地松脆，有柔和的坚果香味；果仁含油量66%～72%为二级果仁，会在水中下沉，应在密度为1.025kg/L的盐水中漂选，特征为烤干果仁略微收缩，略呈黑色，加工质量不稳定，有走味倾向，质地松软；余下的均为三级果仁，含油量50%～66%，特征为烤干果仁小且显黑色，质地较硬或粗糙，加工后显深褐色，果仁坚硬，有焦味。分级后的果仁需再次干燥至含水量在1.5%左右，才能贮藏或进一步加工。

⑨包装。

一是带壳果包装。应选用牢固、干燥、清洁、无异味的麻袋或无毒的塑料袋包装，每袋净重50kg。装袋后应立即封严，并标明带壳果的重量、等级、厂家等。

二是果仁包装。果仁外包装材料必须用牢固、干燥、清洁、无异味的纸箱，内包装用无毒的锡箔塑料袋，内放入小包的抗氧化剂，同时起到干燥作用。果仁批量销售一般采用真空包装，货架销售通常采用充氮包装。装箱后应立即封严、捆牢，并标明重量、等级、厂家等。另外果仁被送往分装之前，会先取一批样品进行品管测试。经过品管测试后的果仁最后进行烘干，包装以后就是成品，被送到各地商场、超市等（图2-3）。从采摘到送上餐桌，大概会经历90d的时间。

图2-2 澳洲坚果破壳取仁机

图2-3 澳洲坚果

二、澳洲坚果作为食品开发

（一）澳洲坚果作为食品开发的前景

无论从口味、营养成分方面，还是从国际上的供需比例方面，澳洲坚果都是高价值的坚果品种，越来越多的人选择品质好、口味佳的坚果食用，因此，澳洲坚果在我国有着非常优秀的发展环境。澳洲坚果仁为高蛋白、高脂肪的干果仁，含有较多的人体必需氨基酸，不仅有较高的营养价值，还具有一定的药用价值。开发澳洲坚果产品具有深远意义。

澳洲坚果油可作为肝脏和血液循环的保护剂，此外，其所含的植物甾醇是关节炎和风湿病的良好抗炎剂。必需脂肪酸影响细胞的流动性，防止皮肤、鼻子、肺、消化系统、大脑的液体流失，作用于前列腺，缓解疼痛和水肿，促进血液循环。澳洲坚果单不饱和脂肪酸能降低糖尿病患者的血压，调节和控制血糖水平，改善脂质代谢，是糖尿病患者脂肪补充剂的最佳来源。

（二）澳洲坚果作为食品开发的应用

1. 澳洲坚果食品 澳洲坚果具有较高的食用价值，在国际市场上长期处于供不应求的状况，被列为世界上最昂贵的坚果之一。澳洲坚果可食部分即果仁，呈乳白色，经焙烤加盐后更香酥，有奶油味，可作为西餐头道进食的开胃果品，常用作烹调食品、小吃或制作果仁夹心巧克力糕点、冰淇淋饮品等的配料。以澳洲坚果为主、辅原料的食品种类达 200 种以上，如澳洲坚果蛋糕、澳洲坚果仁罐头、澳洲坚果仁牛奶巧克力、澳洲坚果片、澳洲坚果糖果、澳洲坚果面包、澳洲坚果饼干等。

（1）澳洲坚果片。以澳洲坚果粉为主要原料，辅以低筋面粉、白砂糖等配料，经混合、制造、烘烤与压片等工序，制成营养丰富，咀嚼感良好，硬度适中，易咀嚼，具有澳洲坚果香味、奶味及甜味的澳洲坚果片。

澳洲坚果片的加工材料为：低筋面粉 40g、自制乳酪 80g、鸡蛋清 1 个、车打芝士 150g、小苏打、杏仁粉 20g、芝麻粉 20g、澳洲坚果粉 50g、亚麻籽粉 20g、细砂糖 50g、黄油 50g、芝士粉 20g 等。

澳洲坚果片的加工工艺如下：

①打粉后过筛，澳洲坚果粉、杏仁粉、芝麻粉、亚麻籽粉、白砂糖；

②黄油加热软化，加入细砂糖，打发至蓬松状态，颜色变浅；

③加入自制的乳酪，继续打发至蓬松的羽毛状；

④加入鸡蛋清，继续搅拌打发均匀，成为浓稠细腻的面糊；

⑤面粉、小苏打混合后，倒入面糊里，然后翻拌均匀；

⑥加入芝士粉、芝麻粉、澳洲坚果粉以及亚麻籽粉，然后翻拌均匀，加入撕成碎片的芝士继续翻拌均匀；

⑦制软材，待物料混合均匀后，缓慢加入适量 50%乙醇作为润湿剂，用喷壶喷雾，边喷边揉搓，调整物料湿度制成软材，软材的干湿度应适宜，以用手紧握能成团但不黏手、用手指轻压能裂开为好；

⑧将成团的坚果饼轻轻地、均匀地放在烤盘上；

⑨将烤盘放入预热好的烤箱中层，180℃，烤 13min 左右，直到小饼表面

变成浅金黄色即可；

⑩出炉放烤网上晾凉。

澳洲坚果片营养丰富，含有多种人体所需的氨基酸，咀嚼感良好，硬度适中，易咀嚼，有较好的溶解性与分散性，具有澳洲坚果固有的香味、奶味及甜味，口味纯正。

（2）澳洲坚果饼干（图2-4）。澳洲坚果饼干主要加工材料为：黄油50g、细砂糖50g、盐1/4勺、低筋面粉250g、小苏打粉1/8勺、全蛋1个、澳洲坚果100g。

图2-4　澳洲坚果饼干

澳洲坚果饼干的加工工艺如下：

①黄油提前用适温软化至可用手指轻按出小坑，烤箱170℃预热；

②将糖、盐加入黄油中，用橡皮刮刀拌匀；

③加入筛过的澳洲坚果粉和面粉，加入鸡蛋，混合搅拌均匀；

④用手稍微抓匀后，将所有坚果倒入，继续用手揉至面团光滑不黏手；

⑤将面团整成厚约5cm的长方形，放进烤箱170℃烤20min至七分熟取出；

⑥等面团完全凉透后，切成厚约1cm的片，放进事先150℃预热的烤箱内，再烤15～20min烘干即可，待烤至表面淡黄色、底部焦黄色即出烤箱，冷却，包装，即得成品；

⑦按照不同人的口味，不加小苏打可以得到口感更坚实的饼干，同时可以根据个人喜好加入花生、核桃等各种坚果；孕妇多吃坚果对胎儿有好处；烤好的面团从里到外完全凉透再切，才会平整。

（3）澳洲坚果蛋糕（图2-5）。澳洲坚果蛋糕主要加工材料为：黄油100g，绵白糖80g，食盐少许，蛋液100g，低筋面粉100g，酵母2g，焦糖酱25g，澳洲坚果（整颗）50g。

图 2-5　澳洲坚果蛋糕

澳洲坚果蛋糕的加工工艺如下：

①将黄油软化，蛋液置于常温；

②澳洲坚果 170℃，10min 烘烤，用 20g 完整的坚果仁用于表面装饰，30g 切碎放入蛋糕体；

③将软化的黄油打散加入绵白糖打发，分次加入蛋液乳化搅拌；

④加入少许食盐，筛入 2 种粉类（提前过筛 1 次），搅拌均匀；

⑤加入焦糖酱和澳洲坚果碎搅拌至有光泽感，倒入模具排气；

⑥将剩下完整的澳洲坚果与 1 大勺焦糖酱混合均匀，涂在蛋糕表面。烘烤 170℃，40min，即得成品。

影响澳洲坚果蛋糕品质的因素有如下。

①蛋糕原料中的黄油及绵白糖的用量。黄油有很重要的作用，搅拌过程油脂的融合性可以包围空气并维持其稳定性，有利于面糊膨发和蛋糕体积增大，而油脂的乳化性质则可以使其结合一定的水分并使面筋蛋白和淀粉颗粒润滑，提升综合口感。但过多的黄油其消泡作用明显，会导致蛋糊气泡消失，蛋糕体积变小，硬度上升。配方中的绵白糖除了可以赋予制品甜味以外，还可以提高气泡的稳定性，防止产品氧化。

②酵母用量及发酵时间。不同添加量的酵母获得的蛋糕的硬度及弹性不同。食品的质构特性可以比较客观地反映食品的感官品质。质构特性主要包括硬度、弹性、咀嚼性、回复性和胶黏性等，其中硬度是指样品经第一次压缩时的最大峰值，多数食品的硬度值出现在最大变形处；弹性是指样品经过第一次压缩以后能够再恢复的程度。一般情况下，弹性与蛋糕品质呈正相关，即数值越大，蛋糕吃起来弹性越好，产品爽口不黏牙；而硬度与蛋糕品质呈负相关，数值越大，蛋糕口感越硬，弹性差。

(4) 澳洲坚果牛轧糖。卵蛋白是一种亲水性的胶体，也是制作牛轧糖的特殊原料，当快速搅拌时能混入大量空气，形成含有很多气泡又很稳定的泡沫吸附层；再加入熬至适当浓度的糖液，在连续搅拌的条件下，糖与其他配料能均匀地分布在蛋白泡沫中，使原来稀薄而柔软的泡沫组织变得浓厚，并逐渐坚实。与此同时，加入坚果、水果等作为填充原料，增加口感多元的同时提高糖体的应力和结构完整性，从而制成坚果轧糖等。为了增加坚果牛轧糖的滑润感和易于成型切块，在制成蛋白糖坯后，还要加入少量油脂。牛轧糖一般是白色的，也可加着色剂，如制成粉红色的草莓牛轧糖等。

澳洲坚果牛轧糖（图 2-6）主要加工材料为：澳洲坚果 800g、水 1/2 杯、细白砂糖 400g、浓麦芽糖 400g、盐 2/3 小匙、蛋白 2 份、防粘烤盘纸 1 张、透明糖果纸 1 包。

图 2-6　澳洲坚果牛轧糖

澳洲坚果牛轧糖的加工工艺为：

①先把澳洲坚果放至烤箱 150℃约 15min 烤到金黄香脆，过程中不断翻动，以免火候不均匀；

②把糖浆的材料放在小锅里，以中火熬煮，煮到 143℃，若没有温度计，可把一滴糖浆滴入冷水中，能结成硬块即是煮好了；

③同时把蛋白打到硬性发泡，再把煮好的糖倒入，继续搅打；

④下面垫热水或者加热，防止糖凝固，同时打到糖浆表面失去光泽才可停止，这样成品才不容易潮湿软化，继而加入坚果，缓慢搅拌，直到用手摸糖块时觉得干而不黏手即可；

⑤整个倒到烤盘纸上，包好，用擀面杖压成约 1.5cm 厚的扁方块；

⑥将牛轧糖放凉成型后，用刀切成长条形，用糖果纸包好。

制作澳洲坚果牛轧糖有以下注意事项：

①坚果一定要选新鲜的，没有坏掉或虫蛀的。麦芽糖要选很浓不容易流动的那种，如果不容易倒出来，微波炉加热20s，就可以很容易倒出来了；

②最好用电动搅拌机，手动搅拌的话，速度不够快，糖很快凝结，做起来十分费力；

③煮糖浆的时候如果温度达不到143℃，做好的糖会比较软。

(5) 裹衣澳洲坚果。裹衣澳洲坚果有多种口味，比如：蜂蜜、芥末、盐焗、椰蓉等，常见的蜂蜜味坚果是一种更符合消费者口味的裹衣坚果，这种果仁被蜜糖溶液包覆起来形成外壳，部分溶液还被渗进内部，然后再进行烘烤，表皮的溶液至少要干裂，有一点枯的时候，再在热油中炸，直到果仁呈现金黄色，也可烘烤，包在坚果外面和渗入里面的糖蜜给坚果增添了更加丰富而完美的风味。蜂蜜使坚果包裹上更美且更诱人的棕黄色，蜜糖使坚果变甜，提高了它的适口性。蜂蜜和蔗糖溶液穿过外皮，使坚果的风味更加丰富甜美，而且经烘烤后，其果仁比平时吃的果仁要脆，同时甜味并没有掩盖果仁香味。坚果的外面包着一层半透明、光亮外壳，能引起人的食欲。在蜜糖溶液中加少量酒石酸以防止蜜糖结晶，并可产生一种光滑感，为了得到浓度不同的糖浆，可以在不改变最终产物的情况下，适当加入一些天然的或衍生的胶状物，如麦芽糊精、糊精、阿拉伯胶等。

裹衣澳洲坚果（图2-7）制作工艺为：将坚果在煮沸的溶液中浸泡一段时间，时间长短根据果仁情况不同而异，澳洲坚果仁较硬，可以浸泡较长一段时间；不管是哪种情况，在包覆的同时溶液便浸入或渗透到坚果中去了；经烘烤后即可包装，果仁宜采用真空包装技术，包装容器应密封，充入一定的惰性气体如氮气，以保持产品的新鲜。

①把澳洲坚果仁倒入含1%浓度的纯碱的沸水中煮沸5min，以去掉表面的苦味，再用冷水冲洗，倒入糖浆；

②煮沸5～10min，捞出晾至半干，没有糖浆影响烘烤时，把它放入154～205℃的油中，煎至果仁表面呈金黄色，煎的时间一般是4～6min，捞出晾冷，控净余油，立即装入密封袋。

(6) 澳洲坚果雪花酥。澳洲坚果雪花酥（图2-8）制作材料如下。

主料：澳洲坚果仁120～150g（粒径1cm左右，不宜过大，依个人口味而定）。其他食材：棉花糖300g，黄油60g，全脂甜奶粉160g，蔓越莓干、葡萄干、黑加仑等果脯30～50g，小福奇饼干200g。

澳洲坚果雪花酥的制作方法为：

①将黄油放在不粘锅内，电磁炉火力控制在300kW；如用煤气，将火力调到最小，熔化黄油；

②待黄油熔化，加入棉花糖，不断使用切拌直至棉花糖熔化；

③棉花糖熔化后，关火，利用锅内余温继续切拌，直至棉花糖完全

熔化；

④棉花糖熔化后，倒入奶粉，切拌至均匀；

⑤切拌均匀后，加入小福奇饼干、坚果仁和蔓越莓干，搅拌至均匀；

⑥拌匀后，装到模具中，定型，晾凉；

⑦晾凉后，脱模，切成合适大小，包装。

图 2-7 裹衣澳洲坚果

图 2-8 澳洲坚果雪花酥

2. 澳洲坚果饮品

（1）澳洲坚果饮料。澳洲坚果仁为高蛋白、高脂肪的干果仁，含有较多的人体必需氨基酸，其所含有的不饱和脂肪酸不仅有较高的营养价值，还具有一定的药用价值。植物蛋白饮料作为食品中重要组成部分，在日常消费中所占比例日渐增长，与固体食品相比，具有更利于被人体吸收的特点，更能发挥食品本身的营养价值和保健功效。以澳洲坚果为原料开发澳洲坚果饮料，可以促进澳洲坚果的深加工，提高澳洲坚果的利用率（图 2-9）。

图 2-9 澳洲坚果饮料

澳洲坚果饮料制作工艺为：澳洲坚果仁去壳→打浆→过滤→调配→过胶体

磨→过均质机→灌装→封口→杀菌→冷却→成品。

澳洲坚果饮料的制作方法如下：

①将澳洲坚果烘干至含水量（wt）≤12%；

②将烘干好的澳洲坚果剥壳取出果仁，然后先将该果仁送入压榨设备中，将果仁压榨至含油脂量（wt）≤40%，然后收集压榨后得到的果仁渣；

③将果仁渣在常温下磨至细度达到 200 目以上，得到澳洲坚果仁渣粉，备用；

④将制得的澳洲坚果仁渣粉与蔗糖酯、三聚磷酸钠、六偏磷酸钠、焦磷酸钠、酪蛋白酸钠、增稠剂混合，然后加水进行均质处理；

⑤将均质后得到的料液进行真空灌装、灭菌。

（2）澳洲坚果酒（图 2－10）。制作材料为：油脂含量（wt）低于 0.05% 的澳洲坚果仁、白糖、制酒发酵菌种。

图 2－10　澳洲坚果酒

澳洲坚果酒制作工艺为：通过压榨除油、油脂分离等技术将澳洲坚果仁油脂含量降低至小于 0.05%，并利用该澳洲坚果仁为原料与白糖进行发酵，从而避免了因油脂存在而影响发酵过程和降低产物酒的品质。

①将澳洲坚果烘干至含水量（wt）≤3%；

②将烘干好的澳洲坚果剥壳取出果仁，先将该果仁送入压榨设备中，在 80～100MPa 的压力下榨出油脂，收集压榨后得到的果仁渣；

③将果仁渣加水混合均匀，然后放入油脂分离器中进行油脂分离，使果仁渣的油脂含量（wt）低于 0.05%；

④将经过油脂分离处理得到的果仁渣浆含水量（wt）控制在 20%～30%，然后在常温下研磨至细度达到 200 目以上；

⑤将经过研磨的果仁渣浆和白糖混合，经过灭菌后再加入制酒发酵菌种进行发酵；

⑥将发酵得到的酒液沉降、过滤、灭菌、包装。

第三章 澳洲坚果油的综合开发与利用

澳洲坚果仁中含油率高达70%～80%，油脂是其第一大营养成分。澳洲坚果油取自澳洲坚果仁，一般采用压榨或者溶剂萃取获得。与橄榄油类似，澳洲坚果油（图3-1）在室温下是液体，其油脂中富含大量不饱和脂肪酸，主要由单不饱和脂肪酸组成，以油酸和棕榈油酸为主要脂肪酸，澳洲坚果是果仁中唯一含有大量棕榈油酸的木本坚果（10%～20%）。另外，澳洲坚果油脂中还含有多种功能脂质伴随物，如生育酚、植物甾醇、角鲨烯和多酚等。

图3-1　澳洲坚果油

当前澳洲坚果油的制取方法有机械压榨法、溶剂萃取法、水剂法、水酶法、超临界CO_2萃取法等。制取的澳洲坚果油油质清香，清亮透明，熔点低，是最上等的天然色拉油之一，尤其是含不饱和脂肪酸多，容易被人体吸收消化，有益健康。澳洲坚果油同时具有抗氧化、抗衰老、预防动脉硬化和心血管疾病等多重功效，因此也是一种很好的功能性食用油。另外，澳洲坚果油是最稳定的天然润肤剂之一，具有良好的抗氧化稳定性，加上油脂的润肤特性、柔软的触感和消费者的高价值感知，使澳洲坚果油成为高档化妆品中的有效成分。近年来，随着对澳洲坚果油保健以及日化功能的深入认识，广大消费者对澳洲坚果油的需求日益增加。

第一节　澳洲坚果油的传统提取工艺

1. 压榨技术　压榨取油为借助外力机械力的作用，通过挤压将油脂从澳洲坚果中提取出来的一种方法。压榨取油方法与其他取油方法相比，生产工艺操作简单、配套设施简单，且油品质量好、色泽浅、风味纯正；但也存在残油率高、损耗大等缺点。压榨法制油工艺基本流程为：首先对目标原料进行清洗、去皮去壳等预处理，然后碾压、蒸炒或膨化成油坯后进行压榨获得毛油和油饼。现有的压榨工艺根据原料预处理后压榨前是否进行热处理又分为热榨、冷榨，两种压榨工艺的共同特点是操作简单、无溶剂残留，但都有缺陷，且后续还需要精炼油。

(1) 热榨。原料经过破碎处理，加热，酶的活性被钝化，微生物的繁殖也被抑制，可保证压榨质量。热榨法是一种更为传统的制油方法，是将油料作物蒸炒制胚，再榨取油料，热榨制油存留残渣少，制出的油有浓厚的香味，但颜色深，产量不高，且加工过程中的高温处理对油脂品质产生影响，营养成分损失严重，加工后的饼粕蛋白一般会变性，造成蛋白浪费，后续不能有效利用。热榨法适用于本身出油量大的原料，为大多数企业选择的方式之一，例如压榨花生油。目前，国内澳洲坚果生产企业为控制成本，主要采取热榨法制取澳洲坚果油。

(2) 冷榨。与热榨相比，冷榨是指澳洲坚果原料经过破碎处理后，不进行加热，在常温或低于常温的条件下操作榨油。采用冷榨技术制取坚果油，就是避免油料处理过程中发生化学变化，成品油和饼粕的滋味、外观品质得到相应提高，保持油的天然特性，避免高温加热产生的有害物质残留，又保留油中的生理活性物质，如维生素、甾醇、角鲨烯等天然活性物质，油脂加工后的饼粕蛋白没有变性，也可得到更充分的利用。但主要缺点是冷榨饼所含残油多，一般而言，冷榨饼中残油率为12%～20%，是热榨饼的2～3倍。冷榨机的处理量仅是热榨机的1/2，所得的冷榨饼残油率是热榨饼残油率的2～3倍，这无疑会对经济效益造成影响。

2. 浸出技术　浸出油指采用浸出制油工艺制取的植物油。浸出制油工艺的本质是萃取原理，起源于1843年的法国，浸出工艺有安全卫生、科学先进等特点。目前工业较发达的国家，用浸出法生产的油脂总产量可达90%以上。浸出制油的优点是饼粕中出油率高、低残油率、加工成本低、经济效益高，而且饼粕的质量高，可再利用。溶剂浸出法是利用固液萃取的原理，先将原料进行机械粉碎成均匀细小颗粒，将其与有机溶剂进行混合浸泡，利用分子扩散和对流扩散的传质过程，使油脂和溶剂相互渗透扩散，从而将油脂从固相转移到液相，形成油脂和有机溶剂共存的混合油。再利用溶剂和油脂沸点、稳定性等物理特性的差别，采取旋蒸或汽提，将油脂最大限度提取出来。溶剂浸提法制油可以明显提高出油率，残油不足1%，并且制油后的饼粕还可用于蛋白质等物质的研究利用，操作简单，成本偏低。

3. 压榨取油与浸出制油对比 可根据油料作物含油量来选择制作工艺，通常情况下，油料作物含油量较高，可以选择压榨法制油，比如芝麻、花生、橄榄、油菜等；含油量少的作物多半采用浸出法制油，比如大豆等。

压榨法是用物理压榨（机械外力）的方式，从油料中榨油的方法，是一种物理方法。该制油方法起源于传统作坊，现今流行的压榨法是工业化的作业；压榨油经过油料籽仁破碎、轧胚、蒸炒，最后压榨，是将油料中含的油脂挤压出来的产品。压榨油最大程度保留原料的色泽，保全原料中的营养成分。由于传统的压榨法油饼中残油率高，企业为节约资源损耗、追求更高的经济效益，在进行压榨法之后还会采用浸出法制油。

浸出法是用物理化学原理，利用非食用级油溶剂从油料中抽提油脂的一种方法。浸出制油则首先要经过油料籽仁破碎、轧胚、蒸炒，最后再使用非食用级溶剂将油料中的油脂提取。浸出油大多无色、无味，保留原料中特殊的营养成分。浸出法是目前世界上公认的制油工艺，适用于绝大多数植物油制备，特别对于营养价值高但是出油率低的油脂原料，更显示其优越性。

压榨法和浸出法，这两种方法只解决毛油生产，通常情况下，毛油是不可直接食用的，还需添加化学物质处理毛油中的各种杂质。按照精炼等级的不同，植物油原料的不同，以及制作工艺的不同，不同的植物油经过制备都有不同的颜色。

在制取澳洲坚果油方面压榨技术成本高、饼粕蛋白变性较为严重；有机溶剂浸出法生产率高，饼粕残油率低，同时，有机溶剂浸出法存在安全性差、有机溶剂残留的现象，且提油后油料蛋白易变质（表3-1）。

表3-1 压榨以及浸出澳洲坚果油理化性质

指标	热榨	溶剂萃取
油脂得率（%）	52.42±1.44	74.16±0.45
酸值（mg/g）	0.37±0.02	0.14±0.02
过氧化值（mmol/kg）	1.17±0.18	0.76 ± 0.05
水分和挥发物含量（%）	0.09±0.01	0.62±0.11
折光率	1.467 ± 0.00	1.467 ± 0.00
碘值（g，以每100g油料计）	70.31±0.17	70.01±0.11
皂化值（mg/g）	191.12±0.64	189.36±0.93

（续）

指标	热榨	溶剂萃取
L^*	32.19±0.01	32.15±0.02
a^*	−0.47 ± 0.01	−0.42 ± 0.03
b^*	0.67 ± 0.01	0.60±0.02

注：L^* 是亮度，a^* 和 b^* 是色度坐标（色方向），$+a^*$ 为红色方向，$-a^*$ 为绿色方向，$+b^*$ 为黄色方向，$-b^*$ 为蓝色方向。

第二节　澳洲坚果油的提取新工艺

1. 水代法提取　水代法，也称为水剂法，是一种仅使用水作为提取介质的绿色提油方法。该法利用油料中非油成分（蛋白质和碳水化合物）对油和水“亲和力”的差异，同时利用油水密度不同而将油脂与蛋白质分离出来。该法可同时提取油料中的油脂和蛋白质。1956 年，美国人 Sugarman 首先提出将花生研磨后用水和碱提取其中的油和蛋白质。1972 年，Khee Choon Rhee 又进一步完善了此方法。水代法能够同时提取油料中的油脂和蛋白质，得到的油清亮，后续精炼工艺少；尤其得到的蛋白质没有经过水解，变性程度低，品质优良。水代法工艺简单，产品品质好，但是油脂得率较低。目前水代法的研究多侧重于增加物理、化学辅助手段，以提高清油得率。

水代法的绿色环保吸引了研究人员的广泛关注。首先，油料经过物理粉碎处理，部分油滴聚集在油料种子细胞表面。一方面，水通过溶解蛋白、多糖等可溶性分子，进一步增加固体基质的孔隙；另一方面，油的疏水性使其与亲水大分子等分离开来。最后，利用油水比重不同，离心得到含油乳状液和水相。目前，水代法在国内主要用于小磨香油的生产。水代法提油的工艺有很多优点：提取的油脂品质好，尤其是以芝麻为原料的小磨香油；提取油脂工艺设备简单，能源消耗少；还有就是水代法以水作为溶剂，没有燃爆的危险，不会污染环境，并且可同时分离油和蛋白质。但是，提油率偏低是水代法的一个弊端，出油率低于传统浸出法。目前，某些物理手段被用于水代法提取植物油研究，但是提油率一直止步在 70%～73%。另外该提取工艺在浸提过程中对水质具有一定的要求，否则易感染微生物。

2. 水酶法提取　水酶法是在水代法基础上发展起来的一种现代提取植物油脂新技术。水酶法主要利用生物酶的酶解作用促进植物油脂的游离，与传统压榨法、有机溶剂浸出法及超临界萃取法等相比，其工艺简单，对设备的要求低，无高温处理，无有机溶剂残留，油脂品质更好。因此，水酶法是一种绿色、安全、营养的提油新技术。酶对含油植物细胞结构及蛋白等乳化成分（进行酶解）破坏，不同酶的专一性不同，酶的种类及不同酶组合对水酶法提油率的影响存在差异。因此，酶的选择对水酶法的提油效率至关重要。

水酶法提油工艺流程为：原料预处理→粉碎过筛→缓冲液、pH 及温度→加酶酶解→灭酶→破乳→离心→清油→干燥，该工艺酶解提油后水相及残渣中产生的低分子量的植物蛋白、纤维等具有较高的利用价值。因此，水酶法可以在澳洲坚果仁中提取油脂的同时还可生产蛋白、多糖等副产物。水酶法提油工艺是一种能同时制备油及植物蛋白的绿色、安全、营养新方法。但是，高价值酶大量使用及较低的得油率是制约其广泛应用的瓶颈。因此，如何解决水酶法提油过程中存在的用酶量较大、破乳成本高等问题至关重要。一方面，可以通过重复利用生物酶进行水解，提高水解酶的效力及利用率；或者通过酶的固定化技术对酶进行反复使用，也是一种提高酶解效力的好方法。另一方面，可进一步加强酶工程产品的开发研究，生产出更廉价、高效的水解酶，以提高水酶法酶解效率，降低生产成本。水酶法提油的另一个问题是用水量大，水处理量大，处理不当可能对环境有一定污染。水酶法提油工艺水相中含有大量的植物蛋白、多糖、淀粉等适合微生物生长繁殖的营养成分，容易迅速滋生各种微生物而腐败，水酶法工艺中产生的水需要及时进行处理。因此，如果能对其综合开发利用，不仅可以减少水处理费用，还可提高利用价值。尽管目前水酶法在应用中还存在一些问题，但随着酶工程及酶的固定化技术的快速发展，绿色、安全、营养的水酶法提油技术将具有广阔的发展应用前景，将是新型澳洲坚果油高效提取的发展方向之一。

3. 超临界 CO_2 提取　超临界 CO_2 浸出制油法是以超临界状态下的 CO_2 为浸出剂，从油料中浸出脂肪并进行分离的方法。其原理是利用 CO_2 在临界点附近与待分离物中的溶质具有不同相的平衡行为和传递性能，且对溶质的溶解能力随压力和温度的改变而变动，利用这种临界状态下的 CO_2 作溶剂，可以从多种混合物中浸出目标成分。它具有与气体相近的高渗透能力和低黏度，又具有与液体相近的密度和溶解能力。该浸出技术得到的油脂不含有害物质、无污染，活性成分和热不稳定成分不易被分解破坏。

压榨法油脂得率低，有机溶剂萃取法的提取率高，但存在溶剂回收困难和产品中溶剂残留等问题，而且两种方法都不能有效进行物质成分的选择性萃取。用超临界 CO_2 萃取油脂，提取率高，得到的油无溶剂残留，而且操作条件温和，可以对不饱和脂肪酸等成分实现选择性分离。另外，超临界 CO_2 萃取油脂后的残粕仍保留了原样，可以很方便地用于提取蛋白质、掺入食品或用作饲料，实现对原料的综合利用。目前，超临界 CO_2 萃取技术已广泛用于开发具有高附加值的保健品用油上，如米糠油、小麦胚芽油、沙棘油、葡萄籽油、杏仁油、紫苏籽油、月见草油、芹菜油等，并取得了工业应用成果。

4. 亚临界萃取工艺 亚临界流体萃取技术是根据相似相溶原理，利用亚临界状态溶剂分子与固体原料充分接触中发生分子扩散作用，使物料中可溶成分迁移至萃取溶剂中，再经减压蒸发脱溶获得目标提取物的新型萃取技术。其中，亚临界状态是指物质相对于近临界和超临界状态存在的一种形式，物质温度高于沸点但低于临界温度，且在工作温度下，压力高于饱和蒸气压但低于临界压力。这使得萃取条件相对温和，在保障溶剂高效萃取能力的基础上既可有效保护易挥发性和热敏性成分不被破坏，又可降低系统工作压力，节省设备制造成本。随着亚临界流体萃取理论及设备的不断完善发展，该技术现已被广泛应用于植物油料（如棕榈、石榴籽、红辣椒、亚麻籽、山茶籽、油茶籽、棉籽、牡丹籽、沙棘籽和麻风树籽等），动物原料（如鱼虾、昆虫等），微生物原料（如海藻、微藻等）以及各加工副产物（如葡萄籽、米糠、麦麸、菜籽饼粕、鱼虾下脚料等）的生产利用中，并取得了相应的工业应用成果。

在亚临界流体萃取油脂过程中，原料粒径、萃取温度、萃取压力和萃取时间是影响萃取效率的关键因素。其中原料粒径的影响主要在于传质过程，原料适度粉碎确保亚临界溶剂与原料充分接触，有利于加快传质速度，提高萃取效率，但并非粉碎越细越好，粉碎过细导致粒径过小容易引起原料聚集成块。原料粉碎条件及程度应随原料种类、硬度、大小和含油量而异，如粒小质硬的原料，可选择针磨，质软易出油的原料可采用滚筒磨或螺旋压榨。萃取温度对萃取效果的影响比较复杂：一方面，升高温度有利于加快溶剂、溶质分子运动，提高传质和扩散速度，促进油脂的溶出；另一方面，温度的升高导致亚临界溶剂密度减小，分子间作用力减小，降低油脂在溶剂中的溶解度。萃取压力对萃取效果的影响与萃取温度密切相关。当萃取温度升高时，萃取压力随之升高，物料结构易产生破裂，亚临界溶剂表面张力也减小，从而促使溶剂充分溶解物料中可溶性成分，提高萃取率；但过高的压力会使物料内形成阻碍溶剂扩散的气泡，不利于萃取。萃取时间对萃取效果的影响主要体现在萃取程度。随着萃取时间延长，可溶成分在溶剂中的扩散由快速传质阶段逐渐达到过渡阶段以及慢速传质阶段，扩散达到动态平衡状态，提取率变化趋于平缓。为保证生产效率，应尽量缩短萃取达到平衡的时间，因而工业上一般采用短时多次的萃取方式。

合理控制相关工艺参数是提高油脂萃取率的关键。在生产中，通常有两种途径：一种是可通过油脂浸出热动力学分析，建立数学模型模拟工艺过程来指导试验条件的选择，但由于建模难度大，且模型方程参数需大量数据拟合，因此试验周期长；另一种是根据生产经验确定参数范围再经试验验证，并采用响应面等数学优化设计得到最优方案，该法简单易行、节省人力物力，在实际操作中多被采用。暨南大学黄雪松教授发明了一种采用亚临界萃取技术提取澳洲坚果油的方法，该发明利用亚临界萃取技术，在一定压力和温度下，多次提取干燥粉碎后的澳洲坚果仁，得到高品质的澳洲坚果油，萃取过程中回收的溶剂还可以循环使用。该发明所用提取方法生产效率高、所得澳洲坚果油品质好、无溶剂残留、脱脂粉蛋白不变性，且设备制造及运行成本较低，可实现大规模生产，是一种高效、低耗、环保的澳洲坚果油生产技术。

第三节 澳洲坚果油的理化特性营养

1. 澳洲坚果油的脂肪酸组成 澳洲坚果油脂肪酸组成见表3-2，由表3-2可以看出，通过测定3种提取工艺得到的澳洲坚果油，其脂肪酸组成结果基本一致，均含有较多油酸，较少的饱和脂肪酸与多不饱和脂肪酸。由表3-2数据可知，澳洲坚果油主要由12种脂肪酸组成，以油酸和棕榈油酸为主，并含少量的棕榈酸、硬脂酸、花生酸以及亚麻酸等脂肪酸。澳洲坚果油是目前所知单不饱和脂肪酸含量最高的植物油，含量高达82.0%以上。低含量的多不饱和脂肪酸是澳洲坚果油比较稳定、氧化敏感度低的主要原因之一，而较高含量的单不饱和脂肪酸，是澳洲坚果具有减少人体低密度脂蛋白和血清胆固醇等保健功能的关键因素之一。

表3-2 澳洲坚果油脂肪酸组成

单位：%

脂肪酸名称	脂肪酸简写	压榨提取	溶剂萃取	水代提取
肉豆蔻酸	C14:0	0.58	0.59	0.61
棕榈酸	C16:0	7.49	7.65	7.65
棕榈油酸	C16:1	18.71	19.29	19.33
硬脂酸	C18:0	3.82	3.72	3.78
油酸	C18:1	61.37	60.66	60.74
亚油酸	C18:2	0.97	1.08	0.98
亚麻酸	C18:3	0.27	0.35	0.26
花生酸	C20:0	2.88	2.79	2.80
二十碳烯酸	C20:1	2.41	2.32	2.29
山嵛酸	C22:0	0.90	0.88	0.88
芥酸	C22:1	0.26	0.23	0.23
木蜡酸	C24:0	0.37	0.36	0.36
饱和脂肪酸	SFA	16.04	16.00	16.09
单不饱和脂肪酸	MUFA	82.85	82.63	82.73
多不饱和脂肪酸	PUFA	1.24	1.43	1.24
不饱和脂肪酸	UFA	84.09	84.06	83.97

澳洲坚果油中含有不饱和脂肪酸，不仅营养价值丰富，还具有一定的药用及保健功能，具有降低心血管疾病发生概率，降血糖、血脂以及血液内有害胆固醇含量等作用。澳洲坚果油油性温和，延展性好、渗透性佳，对皮肤无刺激影响，可与各类精油复配添加于高级化妆品中。具有增强皮肤抵抗力，延缓细胞老化，防止晒伤和冻伤等功能。目前，利用澳洲坚果仁提取出的果油已添加到各类化妆品及洗护产品中。澳洲坚果含油量为70%～80%，是唯一含有大量棕榈油酸的天然植物油。其不饱和脂肪酸含量很高，达80%以上，脂肪酸组成非常接近人体皮脂（人类自身分泌的油脂用以保护肌肤），因而对皮肤具有较高的分散系数和良好的渗透性，已经证明它是促进肌肤更新的最佳油脂之一，涂抹到人体肌肤上，被吸收得非常迅速，常用来帮助消退疤痕，愈合晒伤和轻微伤口，以及治疗过敏症状。澳洲坚果油富含多种活性成分，如甾醇、茶多酚、生育酚等，具有抗氧化、抗衰老、预防动脉硬化等功效，因此，它也是一种很好的功能性食用油，具有良好的市场前景及开发价值。同时，研究表明，澳洲坚果油自身氧化稳定性较高，比橄榄油更耐储藏，不需添加抗氧化剂即可长期保存，可作为优质的天然抗氧化剂原料。因此，澳洲坚果被认为是世界上最好的桌上坚果之一。

2. 澳洲坚果油的主要成分与理化性质 不同压榨和提取方法所得到的澳洲坚果油的营养成分各异。澳洲坚果仁各成分含量因澳洲坚果的品种、成熟度、生长环境等不同而有很大差异，澳洲坚果仁的主要成分为脂质33%～65%、蛋白质8%～20%、粗纤维6%～30%、水分3%～11%、灰分1%～2%，其中脂质含量最高，不同品种澳洲坚果仁的脂肪含量为65%～78%，且其含量因产地、品种栽培、气候等条件不同而异。澳洲坚果是良好的蛋白质来源，其所含各种必需氨基酸的量足以满足儿童和成人每日所需。澳洲坚果仁中可溶性糖含量为（13.6±0.5）mg/g，且所含的糖主要为果糖、葡萄糖和蔗糖。可溶性糖含量的差异是造成不成熟澳洲坚果仁烘焙时容易发生褐变的主要原因。在30～50℃条件下干燥时，果仁的蔗糖含量有所下降。澳洲坚果仁中膳食纤维含量为5%～30%。澳洲坚果中酚类物质的含量为（49±61）μg/g，澳洲坚果仁中含有对羟基苯甲醛、对羟基苯甲酸、对羟基苯甲醇和3,4-二羟基苯甲酸等酚类物质。

与其他油脂相比，澳洲坚果油碘值较低，属于不干性油（表3-3）；而皂化值较高，皂化值愈高，说明脂肪酸分子量愈小，亲水性较强。相对密度为0.910 8、折射率（20℃）1.466 1、酸价1.603mg/g、碘价0.79g/g、皂化值为198.22mg/g；其中生物活性物质甾醇含量为13.38mg/g（以β-谷甾醇为主）、生育酚总量为1.89mg/g、角鲨烯含量为1.96mg/g。

表 3-3 澳洲坚果油及其他植物油理化性质

名称	澳洲坚果油	大豆油	芝麻油	花生油	棉籽油
相对密度	0.910 8	0.925 0	0.921 5	0.917 5	0.925 0
折射率（20℃）	1.466 1	1.477 0	1.475 0	1.472 0	1.475 0
酸价（KOH，mg/g）	1.603	≤4	≤4	≤4	≤4
碘价（I_2，g/g）	0.79	1.14～1.38	1.03～1.18	0.92～106	0.88～1.21
皂化值（KOH，mg/g）	198.22	190～195	188～195	188～195	186～198

澳洲坚果油中主要检测出 18 种甘油三酯（表 3-4），分别为 OOO、POS、POO、POP、SOO、PLP、SLO、SOA、PLS、PPS、AOO、MOP、PSS、OLO、SOS、MLP、PLO、MOO，其中 OOO、POS 和 POO 含量最高，约占甘油三酯总量的 53%，结果表明澳洲坚果油中含有大量油酸；同时，压榨法和水剂法制得的澳洲坚果油甘油三酯组成基本相同，说明不同制油工艺对澳洲坚果油甘油三酯组成影响较小。另外，从澳洲坚果油中检测出 48 种磷脂，主要以 PC、PE 为主。通过分析油脂中甘油三酯的组成，可鉴别植物油的种类，此外研究油脂中的甘油三酯组成，对于人类健康也具有非常重要的意义。

表 3-4 不同制油工艺得到的澳洲坚果油甘油三酯组成

单位：%

甘油三酯	压榨法	水剂法	甘油三酯	压榨法	水剂法
OOO	19.52±0.12	21.36±0.11	PPS	2.44±0.01	2.33±0.02
POS	16.98±0.09	16.65±0.12	AOO	2.19±0.02	2.26±0.03
POO	16.86±0.07	16.59±0.05	MOP	1.91±0.04	1.68±0.01
POP	8.77±0.08	8.28±0.02	PSS	1.85±0.01	1.49±0.04
SOO	6.33±0.02	6.06±0.01	OLO	1.37±0.01	1.97±0.01
PLP	5.96±0.02	5.37±0.02	SOS	1.32±0.01	1.24±0.01
SLO	4.11±0.01	4.34±0.03	MLP	1.12±0.02	0.92±0.01
SOA	3.21±0.02	3.08±0.01	PLO	1.03±0.01	1.22±0.02
PLS	2.99±0.02	3.17±0.02	MOO	0.95±0.01	1.04±0.01

注：O 为油酸；L 为亚油酸；P 为棕榈酸；S 为硬脂酸；M 为棕榈油酸；A 为花生酸。

3. 澳洲坚果油的功效作用 澳洲坚果油不仅具有很高的营养价值，而且具有较好的食疗保健功效。据文献报道，澳洲坚果油具有调节血糖、血脂，降低肿瘤发生概率等特殊功效，作为基础油还有一定的护肤功效。

（1）调节血脂，预防动脉硬化。坚持以澳洲坚果油作为主要食用油，可使机体血脂维持在有益状态。研究发现每周食用 5 次澳洲坚果油较每周食用 1 次可明显降低冠心病和心肌梗死发病率。澳洲坚果油自身不含胆固醇，且不饱和脂肪酸（油酸和棕榈油酸）含量较高，可使血液中低密度脂蛋白胆固醇的含量降低到有效水平，与此同时可保持高密度脂蛋白胆固醇的含量，甚至增加其含量，发挥对血脂的双重调节作用，使血液黏稠度降低到可控水平，达到了预防高血压和动脉硬化等疾病的目的，同时可对心脑血管系统进行有效保护。

（2）降低血糖，预防糖尿病。研究表明油酸可对人体血糖水平进行有效调节及控制，澳洲坚果油中单不饱和脂肪酸油酸含量达50%～65%，对于糖尿病患者的脂质代谢过程有一定改善作用，是糖尿病患者补充脂肪的最佳来源。需要指出的是，澳洲坚果油自身含有大量抗氧化剂，对糖尿病患者体内的过氧化过程有一定限制作用。同时，食用澳洲坚果油可以抑制食欲，提高饱腹感，对进一步降低血糖有明显益处。

（3）降低肿瘤、痛症的发病率。据研究发现，经常食用澳洲坚果油可以降低乳腺癌及胃肠系统癌症的发病率。如地中海地区民居肺癌的发病率较低，其原因就与长期食用澳洲坚果油有关。澳洲坚果油自身富含的抗氧化剂、单不饱和脂肪酸及一些微量元素彼此协同增效，可有效降低肠道内致癌物质的酮衍生物形成肿瘤的速率，起到保护机体的作用。

（4）降低消化道疾病的发病率。

①胃。研究表明澳洲坚果油可有效降低胃酸含量，并能预防胃炎及降低十二指肠溃疡的发病率，是一种具有良好保健作用的木本油类，对其所含的多种营养成分，胃肠系统均有良好的消化吸收。例如对于胃癌患者，将摄食动物油脂改为摄食澳洲坚果油，可使脂肪对胃的伤害减少1/3，治愈率也有显著提高；对于慢性胃炎及溃疡等症状，可空腹口服10mL澳洲坚果油，早晚各一次，症状可在短期内明显减轻，对于因胃部疾病引发的口腔异味，澳洲坚果油也有显著消除作用。

②胆囊。研究表明澳洲坚果油对胆囊弛缓效果明显，对胆囊收缩有一定促进作用，还可增强胰蛋白酶活力，使油脂充分降解以提高肠黏膜的吸收率。其疗效较药物和同等功效食物，具有更快速持久的特点。澳洲坚果油作为一种完美的利胆剂，可在胆囊排空期抑制分泌，作为保健食品长期服用能有效降低胆结石和胆囊炎等的发病概率。

③肠道。作为一种作用温和的轻泻剂，澳洲坚果油具有加快肠道蠕动的功效，使其保持畅通。对于慢性便秘患者，空腹服用10mL澳洲坚果油，早晚各一次，可有效缓解其症状。

（5）预防风湿性关节炎。风湿性关节炎是一种常见的并易反复发作的慢性或者急性感染性关节炎症。研究发现：与以澳洲坚果油作为主要食用油的群体相比，不经常食用澳洲坚果油的群体患风湿性关节炎的概率要高3倍左右。特别是澳洲坚果油中维生素E含量颇高，可起到“有益的类似抑制物的作用”，当人体摄入动物油脂中的饱和脂肪酸时，维生素 E 会分解产生促进炎症的荷尔蒙；相反，当人体摄入澳洲坚果油中的不饱和脂肪酸后，将分解产生抑制炎症的荷尔蒙。综上，以澳洲坚果油作为主要食用油可有效降低风湿性关节炎的发病率。

(6) 抗衰老，预防骨质疏松。人体的过氧化反应与衰老相辅相成，过氧化反应越剧烈，人的衰老就会相应加速。澳洲坚果油饱和脂肪酸含量较低，且自身富含抗氧化剂和油酸等单不饱和脂肪酸，多不饱和脂肪酸含量适中，人体必需脂肪酸 ω-3 和 ω-6 的比例约 1∶4，而据研究表明，此比例的摄食可充分抵挡多种疾病对人体的入侵。同时，据相关报道，多食澳洲坚果油可有效清除自由基，充分抵御由自由基引发的人体衰老，其清除能力与水果、蔬菜相当。随着年龄增长，多数老年人不得不面对骨质疏松的问题，而澳洲坚果油在预防此类疾病方面作用明显。对于钙、磷、锌等矿物质的吸收，澳洲坚果油中含有的大量油酸可起到积极的促进作用，同时还可提高骨密度，因此，从儿童生长发育到成年，澳洲坚果油都是必需的。澳洲坚果油的充分摄取可促进骨骼的有效矿化，从而远离骨质疏松。

(7) 护肤作用。澳洲坚果油油性温和，不刺激皮肤，且延展性、渗透性良好，对各种精油溶解度高，可作为基础油与各种精油复配使用。澳洲坚果油含有 10%～20%的棕榈油酸，具有延缓细胞老化、促进细胞修复及再生的功能，亦可提高肌肤抵抗力，调节角质化过程。澳洲坚果活性稳定，不需添加抗氧剂即可保存较长时间。澳洲坚果油本身 SPF 值为 3～4，适用于所有化妆品，对于皮肤晒伤和冻伤均有显著疗效。

4. 澳洲坚果油加工利用 澳洲坚果油呈金黄色，有浓郁的坚果馨香，油质透明清亮，烟点高，熔点低，是品质上佳的天然木本植物油。目前，国内所售澳洲坚果油主要为散装进口产品，多采用冷压工艺制得。通过文献查阅和对澳洲坚果油行业调研情况得知，目前澳洲坚果油的开发研究尚不深入，今后依然是开发研究的重点之一。

(1) 化妆品领域。作为化妆品，澳洲坚果油主要有如下用途：①可用于制作保湿霜，使肌肤柔软而有活力，由于澳洲坚果油含有大量棕榈油酸，可延缓脂质的过氧化作用，保护细胞膜，特别是对受紫外线伤害的皮肤，具有滋润保湿等功效；②可添加在面部护肤乳液、唇膏和婴儿制品中，安全无毒，增加皮肤润滑度及滋养度；③澳洲坚果油延展性和渗透性良好，有油腻感，易乳化，可溶于大多数化妆品用的油类，对各种精油溶解度高，并具有高度的分散系数，是很好的基础油，可与各种单方精油复配使用。

(2) 食品领域。澳洲坚果油是一种金黄色、有坚果芳香和风味的高级食用油，其烟点高于 210℃，比橄榄油高 2 倍，适用于煎炸烘焙以及作为冷餐油使用。但由于其价格昂贵，较少直接作为食用油，其市场仅针对一些高端消费群体，或作为一种保健油为食疗所用。因此，研究澳洲坚果油的提取新工艺，考虑如何降低成本、扩大消费人群、开发澳洲坚果油保健品成为今后研究的方向之一。

比较国内外文献发现，澳洲坚果油脂肪酸组成与活性成分含量不尽相同，之所以出现这种情况，可能与产地、收获季节、提取方法、加工工艺等因素有关。研究发现超临界CO_2萃取的茶籽油中的单不饱和脂肪酸（油酸，11-花生烯酸）含量低于石油醚提取的茶籽油，而多不饱和脂肪酸（亚油酸，亚麻酸）含量高于石油醚提取的茶籽油，在超临界CO_2选择性萃取过程中，不同萃取阶段脂肪酸组成有所不同，并且超临界CO_2萃取出部分微量脂肪酸，而这些脂肪酸在采用压榨法及索氏法提取得到的澳洲坚果油中未检出；经过测定13个地区的澳洲坚果油活性成分，表明不同产地的澳洲坚果油活性成分存在差异；研究也发现利用石油醚提取澳洲坚果油时，提取出较多非脂溶性活性成分与脂溶性色素。综合相关研究资料，澳洲坚果油脂肪酸组成以不饱和脂肪酸为主，尤其是油酸，饱和脂肪酸、单不饱和脂肪酸和多不饱和脂肪酸的比例较符合国际卫生组织提倡营养保健油脂的脂肪酸比例指标；澳洲坚果油富含茶多酚、生育酚、甾醇及其多种异构体，含有一定量角鲨烯、β-胡萝卜素，并且总酚含量比橄榄油、大豆油和玉米油高。此外，目前关于澳洲坚果油成分研究主要集中于脂肪酸组成分析，而活性成分分析以及活性成分的作用机理还有待进一步的研究。

5. 澳洲坚果油抗氧化活性 油脂在加工与储存过程中发生氧化作用是导致油脂酸败变质的主要因素，氧化酸败的油脂不仅营养价值下降、味道让人不悦，而且在酸败过程中会产生对人体有害的过氧化物和自由基，导致机体衰老，并可能引发肿瘤、心血管病等各种疾病。氧化稳定性可表征油脂抵御自动氧的能力，它是评价油脂品质的重要指标，且直接关系到油脂货架寿命。早在20世纪80年代，斯里兰卡、马拉维等国家的研究者对澳洲坚果油氧化稳定性进行研究，结果表明澳洲坚果油稳定性较强。其中提取方法对澳洲坚果油抗氧化活性的影响如图3-2所示，澳洲坚果油对DPPH自由基都有一定的清除能力，且3种提取方法得到的澳洲坚果油对DPPH自由基的清除能力强弱依次为压榨法＞溶剂法＞水剂法，同时，随着澳洲坚果油质量浓度的增加，其DPPH自由基清除能力也增强，3种提取方法得到的澳洲坚果原油（100%）对DPPH自由基的清除能力分别为44.78%、46.70%和23.45%，溶剂提取得到的澳洲坚果油比压榨法得到的澳洲坚果油的抗氧化活性较低，可能是溶剂提取对澳洲坚果油中活性物质造成了一定损失。压榨法得到的澳洲坚果油中总酚酸和不饱和脂肪酸含量较高是相一致的，同时，与前面分析发现压榨法得到澳洲坚果油的氧化诱导时间较长也是相吻合的，说明压榨法得到的澳洲坚果油具有较好的抗氧化活性。

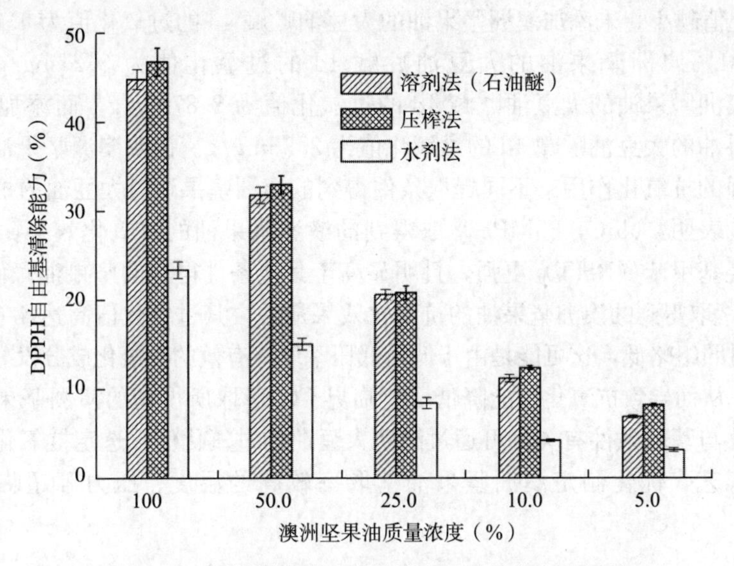

图 3-2 不同提取方法下澳洲坚果油的抗氧化活性

2004 年以来，部分科学家开展进一步相关研究，将澳洲坚果油和芝麻油同时于 60℃下放置 15d，利用过氧化值为指标评价二者的氧化稳定性，结果表明，澳洲坚果油氧化稳定性与芝麻油相似；将澳洲坚果油、葵花籽油和橄榄油置于 63℃下进行加速氧化试验，得到澳洲坚果油的货架期比葵花籽油的长，几乎与橄榄油货架期相同，表明澳洲坚果油具有较强抗氧化活性；将澳洲坚果油分别添加到葵花籽油和鱼油中，结果鱼油和葵花籽油的货架期都比之前的长，再次证明澳洲坚果油抗氧化活性强，可作为一种天然抗氧化剂。另外，经过氧化诱导仪测定的澳洲坚果油与常见植物油的氧化诱导期如表 3-5 所示，发现澳洲坚果油具有较好的抗氧化性能，甚至比特级初榨橄榄油的氧化诱导时间还要长，显示出良好的品质性能。

表 3-5 澳洲坚果油与常见植物油氧化诱导期

油脂种类	澳洲坚果油	大豆油	菜籽油	花生油	核桃油	橄榄油
氧化诱导时间（120℃，h）	21.52	4.17	4.10	5.14	7.78	20.11

过氧化值（POV）是衡量油脂过氧化程度的一项重要理化指标，值越小，说明油脂发生过氧化的程度越小，油脂的稳定性越高。为了证明澳洲坚果油中不饱和脂肪酸的作用，研究人员进行了不同浓度及不同提取条件的澳洲坚果油对大豆油抗氧化活性影响试验。不同浓度澳洲坚果油对大豆油抗氧化活性的影

响表明，在相同的贮藏天数内，未加澳洲坚果油的大豆油的过氧化值最高，添加澳洲坚果油的大豆油的过氧化值变化相对较小，且添加的浓度越大，大豆油的过氧化值越小。未添加澳洲坚果油的大豆油贮藏4d的过氧化值为4.22mg/g，添加0.01%澳洲坚果油的大豆油贮藏4d的过氧化值为3.21mg/g，添加0.05%澳洲坚果油的大豆油贮藏4d的过氧化值为2.87mg/g，而添加0.10%澳洲坚果油的大豆油贮藏4d的过氧化值为2.36mg/g。说明澳洲坚果油对大豆油有较强的抗氧化作用。不同提取条件得到的澳洲坚果油对大豆油的抗氧化活性的影响表明：55℃，35MPa萃取得到的澳洲坚果油的抗氧化效果比0.01%二丁基羟基甲苯（BHT）更强，且明显高于其他条件得到的坚果油；而45℃，30 MPa萃取得到的澳洲坚果油的抗氧化效果最差，其过氧化值高达4.06mg/g，比空白对照组略低，这可能是由于低温低压萃取，有效的抗氧化成分没有被完全萃取出，从而导致抗氧化性能降低；超临界CO_2萃取所得到的澳洲坚果油的抗氧化活性与萃取条件有关，可通过测定大豆油的过氧化值，选定抗氧化性较强的萃取工艺，优化制定澳洲坚果油萃取率较高的温度、压力等超临界萃取条件。

第四章 澳洲坚果青皮的综合开发与利用

第一节 澳洲坚果青皮提取物对植物生长调节的影响

澳洲坚果青皮是指包裹在澳洲坚果最外层的果皮，通常可以根据青皮内表面的颜色变化来确定果实的成熟度。澳洲坚果青皮占鲜果总重的一半以上，是采后加工环节的主要副产物，如果不充分利用而随意丢弃，会造成环境的污染。在前期学者们的研制中发现，澳洲坚果皮主要成分为纤维素，其提取物中同时含有多种物质，如杀虫活性成分，单宁、熊果苷等护肤活性成分，可溶性糖、蛋白质、矿质元素等营养成分。明确澳洲坚果青皮的内含物及其功能性质，适当提取功效成分后将剩余固体部分进行深度开发，实现澳洲坚果青皮的梯次利用，可有效促进澳洲坚果产业的高质量发展。

植物的化感作用主要是指植物在其生长发育过程中，通过排出体外的代谢产物来改变其周围的微生态环境，从而导致在同一环境中植物与植物之间发生相互作用的一种自然现象。这种相互作用既包括相互有益的作用，也包括抑制作用和有害作用，即有相生、相克两个方面。化感作用在自然界中普遍存在，在生态学研究中占据很重要的地位。在农业生产中化肥、农药、生物调节剂等均为人工合成的化学物质，自然降解十分困难，长期使用直接污染生态环境，其影响难以逆转。利用植物化感作用，研究天然的提取物去除竞争性杂草或者做成新型无公害植物生长调节剂可以减少合成农药的使用，从而达到环保的目的。有研究表明，澳洲坚果石油醚、三氯甲烷、乙酸乙酯、正丁醇提取物的化感作用对几种作物的种子萌发及幼苗生长存在影响，进一步判断可以将该类物质做成除草剂。

（一）澳洲坚果青皮化感作用成分提取

澳洲坚果青皮化感作用成分的提取方法有多种，根据提取所用的溶剂可以分为水提、醇提、有机溶剂萃取等方法，所得的相应物质为水提物、醇提物、有机溶剂萃取物（图 4-1）。

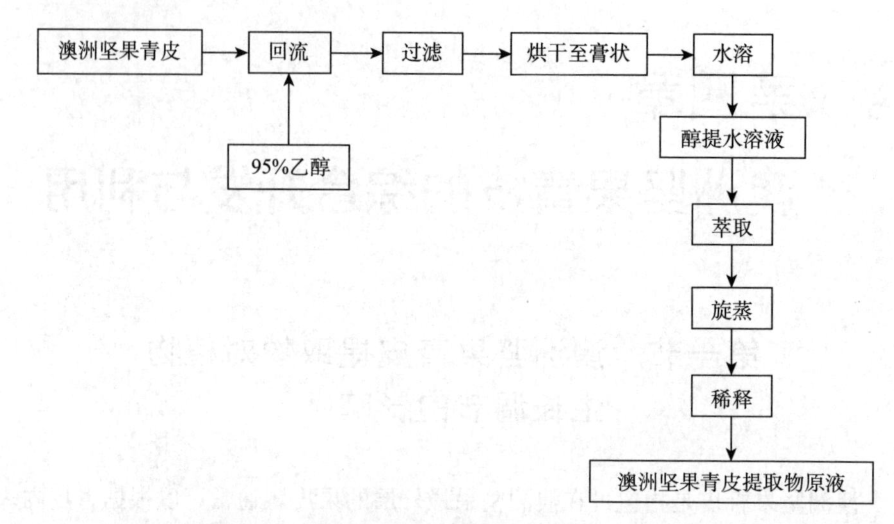

图 4-1　澳洲坚果青皮提取物原液提取工艺流程

1. 澳洲坚果青皮水提物　澳洲坚果青皮水提物是将澳洲坚果青皮粉碎，经过蒸馏水浸泡、加热回流、过滤、浓缩、定量溶解，最后得到澳洲坚果青皮水提原液。水提法所得原液最接近自然雨淋的化感物。而且，相较其他提取方法所得的原液，水提原液对其他作物的抑制作用最强。

2. 澳洲坚果青皮醇提物　将澳洲坚果青皮粉碎，经过 95%乙醇浸泡、加热回流 3 次、过滤、浓缩至膏状、蒸馏水定量溶解，即可得到醇提水溶液。

3. 澳洲坚果青皮有机溶剂萃取物　澳洲坚果青皮有机溶剂萃取物是经过醇提水溶之后，再选取不同有机溶剂对醇提水溶液进行萃取得到的。

①石油醚萃取物的制备。将青皮醇提物水溶液倒入分液漏斗中，加入等体积的石油醚，摇匀，静置萃取 5h，取上层溶液。再向下层水相中加入等体积的石油醚进行萃取，重复此步骤萃取 3 次。将 3 次萃取得到的石油醚萃取层溶液混合，用旋转蒸发仪旋干，称重得石油醚提取物，然后加蒸馏水稀释成 0.1g/mL 的石油醚萃取物原液，密封，置于 4℃冰箱保存备用。

②二氯甲烷萃取物的制备。将所得的石油醚萃取后的溶液倒入分液漏斗中，加入等体积的二氯甲烷，摇匀，静置萃取 5h，取下层溶液。再向上层溶液中加入等体积的二氯甲烷进行萃取，重复此步骤萃取 3 次。将 3 次萃取得到的二氯甲烷萃取层溶液混合，用旋转蒸发仪旋干，称重得二氯甲烷提取物，然后加蒸馏水稀释成 0.1g/mL 的二氯甲烷萃取物原液，密封，置于 4℃冰箱保存备用。

③乙酸乙酯萃取物的制备。将所得的二氯甲烷萃取后的溶液倒入分液漏斗

中，加入等体积的乙酸乙酯，摇匀，静置萃取 5h，取上层溶液。再向下层溶液中加入等体积的乙酸乙酯进行萃取，重复此步骤萃取 3 次。将 3 次萃取得到的乙酸乙酯萃取层溶液混合，用旋转蒸发仪旋干，称重得乙酸乙酯提取物，然后加蒸馏水稀释成 0.1g/mL 的乙酸乙酯萃取物原液，密封，置于 4℃冰箱保存备用。

④正丁醇萃取物的制备。将所得的乙酸乙酯萃取后的溶液倒入分液漏斗中，加入等体积的正丁醇，摇匀，静置萃取 5h，取上层溶液。再向下层溶液中加入等体积的正丁醇进行萃取，重复此步骤萃取 3 次。将 3 次萃取得到的正丁醇萃取层溶液混合，用旋转蒸发仪旋干，称重得正丁醇提取物，然后加蒸馏水稀释成 0.1g/mL 的乙酸乙酯萃取物原液，密封，置于 4℃冰箱保存备用。

（二）澳洲坚果青皮化感成分作用

不同浓度的澳洲坚果青皮化感成分对农作物的种子萌发及生长具有抑制或促进作用。澳洲坚果青皮萃取物对十字花科植物种子萌发有极强的抑制作用，在适当浓度下甚至可能有致死作用；但在较低浓度下，如在 0.125mg/mL 浓度下，该萃取物对谷子种子萌发有促进作用。澳洲坚果青皮水层萃取物能促进谷子和油菜种子的萌发，且在适当的低浓度范围内，促进作用明显。

不同浓度的澳洲坚果青皮化感成分对农作物种苗的苗高与根长具有抑制或促进作用，即低浓度促进，而高浓度抑制，且处理液的质量浓度越高，抑制作用越明显。总的来说，澳洲坚果青皮二氯甲烷萃取物对几种作物的苗高与根长的抑制作用最强，澳洲坚果青皮水层萃取物对几种作物的苗高与根长的抑制作用最弱。

1. 澳洲坚果青皮化感成分对种子萌发的影响

（1）石油醚萃取物对种子萌发的影响。以小麦、绿豆、油菜和谷子种子为供试样品，研究澳洲坚果青皮石油醚萃取物对小麦、绿豆、油菜和谷子种子萌发的影响（图 4－2）。

就发芽势而言，各个浓度的澳洲坚果青皮石油醚提取物对绿豆的影响均为抑制作用；当浓度为 0.125mg/mL 时对小麦、油菜、谷子的发芽势为促进作用，其余不同浓度的石油醚提取物可能存在无影响或者抑制的作用。对发芽率的研究发现，澳洲坚果青皮石油醚提取物对各应试作物既有促进作用也有抑制作用，其影响因浓度不同而异。

（2）二氯甲烷萃取物对种子萌发的影响。以小麦、绿豆、油菜和谷子种子为供试样品，研究澳洲坚果青皮二氯甲烷萃取物对小麦、绿豆、油菜和谷子种子萌发的影响（图 4－3）。

澳洲坚果青皮的二氯甲烷萃取物对绿豆、油菜的发芽势呈现非常明显的

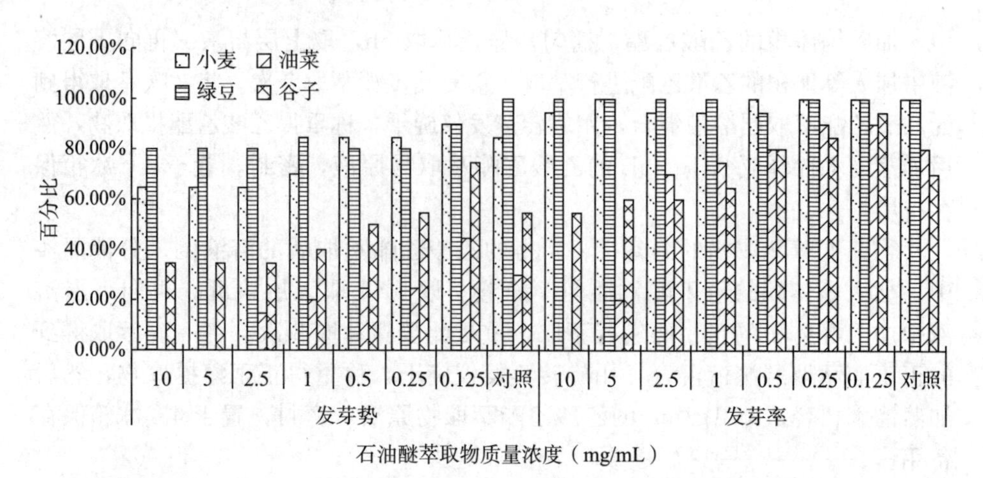

图 4-2　澳洲坚果青皮石油醚萃取物对几种作物种子萌发的影响

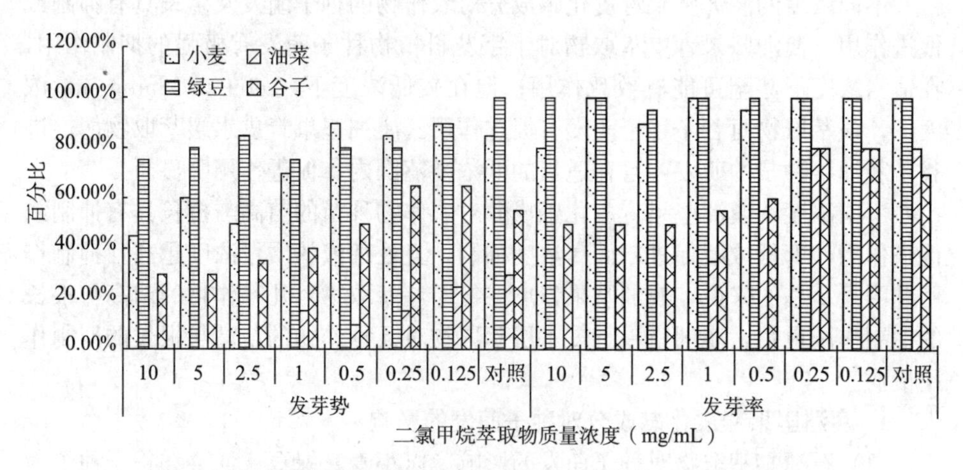

图 4-3　澳洲坚果青皮二氯甲烷萃取物对几种作物种子萌发的影响

抑制作用；当浓度≤0.5mg/mL 时对小麦的发芽势有促进作用，当浓度大于 0.5mg/mL 时对小麦的发芽势起到抑制的作用；当浓度≤0.25mg/mL 时对谷子的发芽势呈现促进作用，当浓度大于 0.25mg/mL 时会抑制谷子的发芽势。

在发芽率上，澳洲坚果青皮二氯甲烷萃取物对小麦没有呈现明显的规律性，当浓度为 0.5、2.5、10mg/mL 时显示出抑制的作用，在 0.125、0.25、1、5mg/mL 浓度下无抑制作用。在 2.5mg/mL 浓度下对绿豆稍有抑制作用，在其他浓度下没有明显作用。当浓度≥0.5mg/mL 时会抑制油菜和谷子的发芽。

（3）乙酸乙酯萃取物对种子萌发的影响。以小麦、绿豆、油菜和谷子种子为供试样品，研究澳洲坚果青皮乙酸乙酯萃取物对小麦、绿豆、油菜和谷子种子萌发的影响（图4-4）。

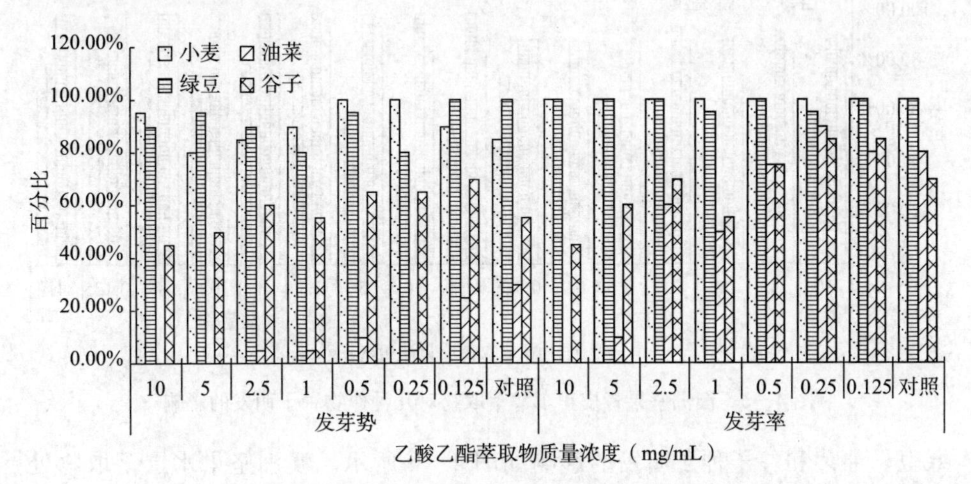

图4-4　澳洲坚果青皮乙酸乙酯萃取物对几种作物种子萌发的影响

就发芽势而言，澳洲坚果青皮乙酸乙酯萃取物在5mg/mL时对小麦的发芽势有抑制作用，但是在其他浓度处理下都显示出了促进作用；当浓度≥0.25mg/mL时对绿豆的发芽势开始出现抑制作用，而且在0.5mg/mL之后抑制作用随浓度增加而增强；该萃取物所有浓度都会抑制油菜的发芽势，当浓度达到5mg/mL之后会致其死亡；在5、10mg/mL浓度下，澳洲坚果青皮乙酸乙酯萃取物会抑制谷子的发芽势，但是其他处理浓度会提高谷子的发芽势。

就发芽率而言，澳洲坚果青皮乙酸乙酯萃取物不会抑制小麦的发芽；在0.25mg/mL和1mg/mL会稍微抑制绿豆种子的发芽；当浓度达到0.5mg/mL时开始抑制油菜的发芽，而且抑制程度与浓度成正比，在5mg/mL之后会致其死亡；在0.125、0.25、0.5、2.5mg/mL浓度下该萃取物会促进谷子发芽，但在1、5、10mg/mL浓度下则会抑制谷子发芽。

（4）正丁醇萃取物对种子萌发的影响。澳洲坚果青皮正丁醇萃取物对小麦、绿豆、油菜和谷子种子萌发的影响如图4-5所示。

在发芽势上，澳洲坚果青皮正丁醇萃取物各个浓度梯度对绿豆和油菜均出现抑制作用，尤其当浓度≥5mg/mL时会导致油菜的发芽势为0。在发芽率上，澳洲坚果青皮正丁醇萃取物在≥2.5mg/mL时开始抑制小麦的发芽；在0.5mg/mL时开始抑制油菜的发芽，并且浓度越大抑制程度越高，当浓度达到5mg/mL之后，油菜种子均无法发芽。

（5）水层萃取物对种子萌发的影响。澳洲坚果青皮水层萃取物对小麦、

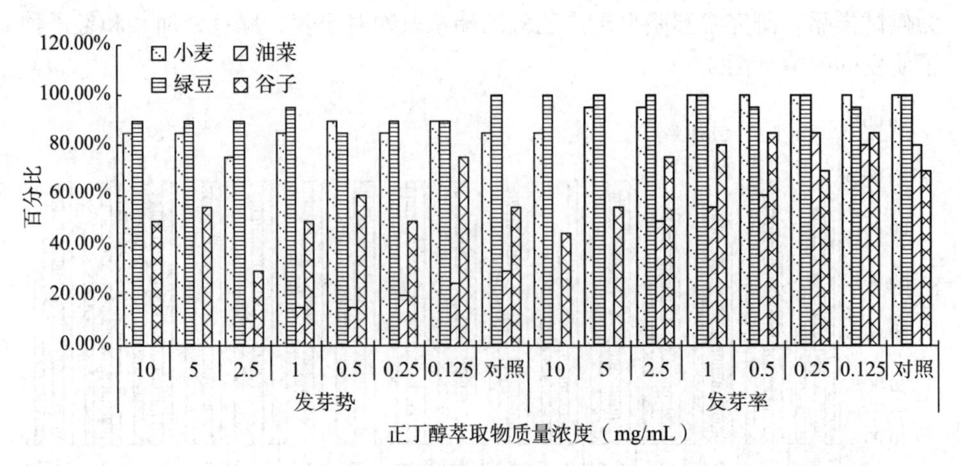

图 4-5　澳洲坚果青皮正丁醇萃取物对几种作物种子萌发的影响

绿豆、油菜和谷子种子萌发的影响如图 4-6 所示。澳洲坚果水层萃取物处理的谷子和油菜种子的发芽势及发芽率均高于对照组，说明澳洲坚果水层萃取物能促进谷子和油菜种子的萌发，且在适当的低浓度范围内，促进作用明显。

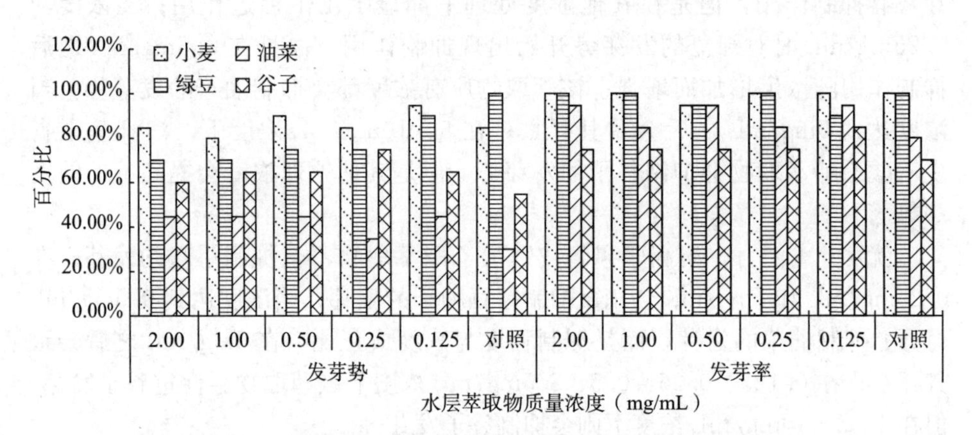

图 4-6　澳洲坚果青皮水层萃取物对几种作物种子萌发的影响

2. 澳洲坚果青皮化感成分对种苗的影响

（1）石油醚萃取物对苗高、根长的影响。澳洲坚果青皮石油醚萃取物对小麦、绿豆、油菜和谷子种苗苗高、根长的影响如图 4-7 所示。当石油醚萃取物质量浓度在 2.5mg/mL 时，对油菜苗的根长具有促进作用，且随着浓度降低变得明显；在 0.125mg/mL 浓度下对谷子的苗高也有一定的促进作用，但是随着提取物浓度的提高，对谷子根长和苗高开始出现抑制作用。而所有浓度下的澳洲坚果青皮石油醚萃取物对小麦和绿豆根长和苗高均呈现出了抑制作用。

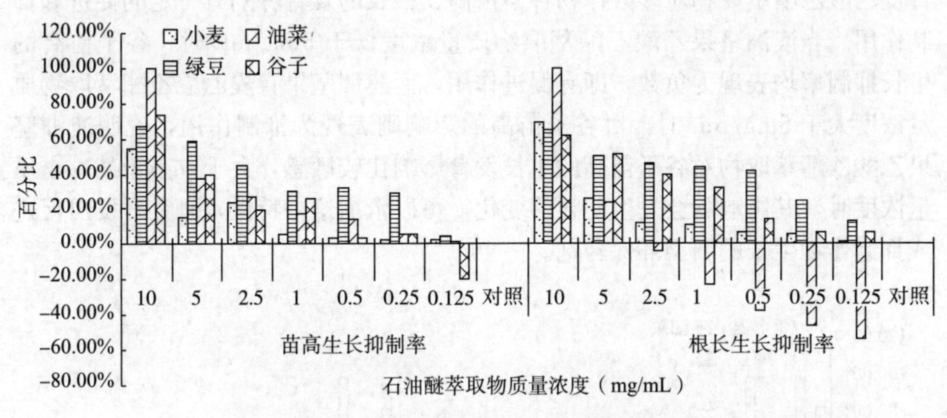

图 4-7　澳洲坚果青皮石油醚萃取物对几种作物种苗苗高、根长的影响

(2) 二氯甲烷萃取物对苗高、根长的影响。澳洲坚果青皮二氯甲烷萃取物对小麦、绿豆、油菜和谷子种苗苗高、根长的影响如图 4-8 所示。当二氯甲烷萃取物质量浓度小于 1mg/mL 时，对谷子的苗高生长表现出了促进的作用，质量浓度大于 1mg/mL 时表现出了抑制的作用；当质量浓度小于 0.5mg/mL 时对油菜根长生长表现出促进作用，质量浓度为 0.125mg/mL 时，促进作用显著，说明一定质量浓度的澳洲坚果青皮二氯甲烷萃取物能明显促进谷子苗高和油菜根长的生长发育。总体来看，澳洲坚果青皮二氯甲烷萃取物对小麦、绿豆的苗高和根长均起到了抑制作用。

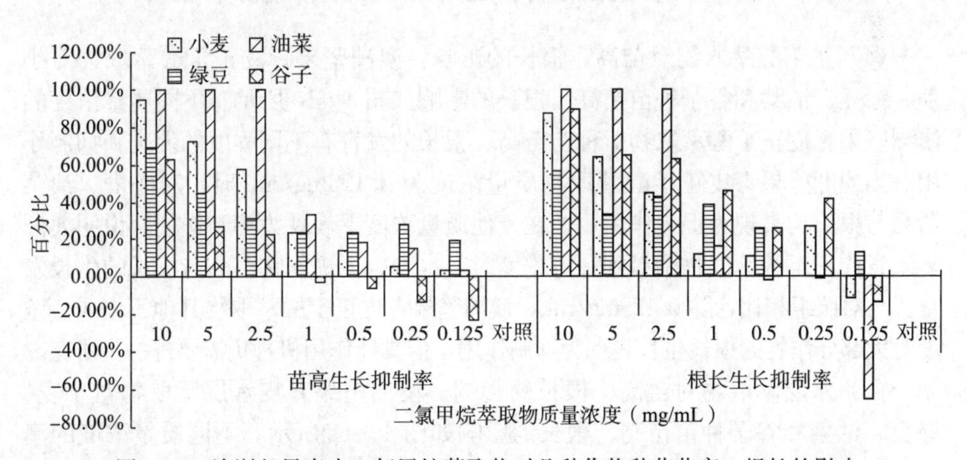

图 4-8　澳洲坚果青皮二氯甲烷萃取物对几种作物种苗苗高、根长的影响

(3) 乙酸乙酯萃取物对苗高、根长的影响。澳洲坚果青皮乙酸乙酯萃取物

对小麦、绿豆、油菜和谷子种苗苗高、根长的影响如图 4-9 所示。澳洲坚果青皮乙酸乙酯萃取物对多数作物种苗苗高、根长的发育分别有一定的促进和抑制作用。当澳洲坚果乙酸乙酯萃取物质量浓度低于 5mg/mL 时，谷子苗高的生长抑制率均表现为负数，即有促进作用，而澳洲坚果青皮乙酸乙酯萃取物质量浓度大于 5mg/mL 时，对谷子苗高的影响则表现为抑制作用，说明澳洲坚果乙酸乙酯萃取物对谷子苗高的生长发育影响比较敏感，大于或小于某一个质量浓度时，其影响就会发生明显的变化，可以依据这一特性，研究开发出促进或抑制作物生长的新型环保药剂。

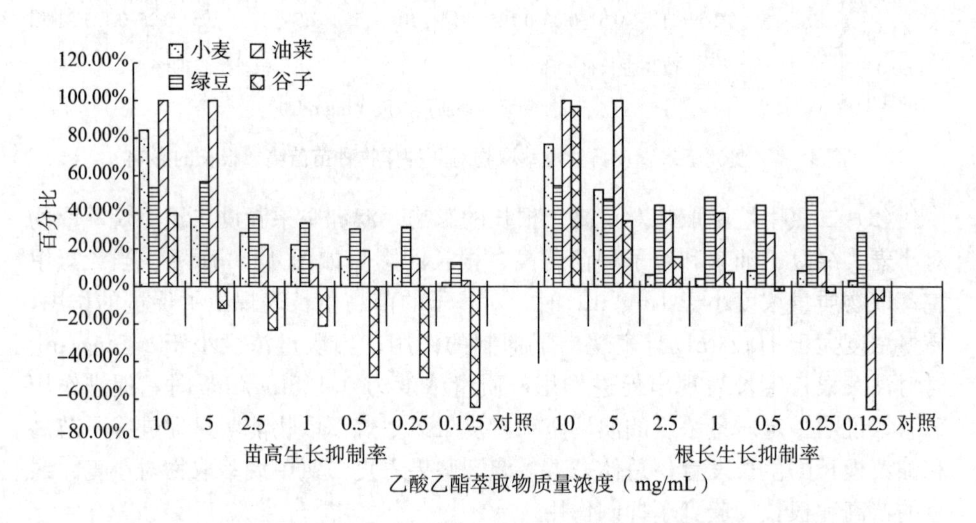

图 4-9 澳洲坚果青皮乙酸乙酯萃取物对几种作物种苗苗高、根长的影响

（4）正丁醇萃取物对苗高、根长的影响。澳洲坚果青皮正丁醇萃取物对小麦、绿豆、油菜和谷子种苗苗高、根长的影响如图 4-10 所示。不同质量浓度的澳洲坚果青皮正丁醇萃取物对种苗苗高、根长的发育有不同程度的促进和抑制作用。当澳洲坚果青皮正丁醇萃取物质量浓度为 0.125mg/mL 时，对小麦、油菜苗高与根长均表现为促进作用，而在其他质量浓度下表现为抑制作用，说明澳洲坚果青皮正丁醇萃取物稀释到一定程度时，也可以促进作物苗高与根长的生长发育。与对照组相比，除 0.125mg/mL，澳洲坚果青皮正丁醇萃取物其他不同质量浓度对大部分作物的根长生长表现为抑制作用，但具体作用机理仍需要进一步研究。

（5）水层萃取物对苗高、根长的影响。澳洲坚果青皮水层萃取物对小麦、绿豆、油菜和谷子种苗苗高、根长的影响如图 4-11 所示。不同质量浓度的澳洲坚果青皮水层萃取物对供试作物的苗高、根长发育既有促进作用，也有抑制作用，呈现低浓度促进谷子、油菜生长，高浓度抑制的趋势。可以据此进一步研究其对需要促进地上部分生长的植物的影响。

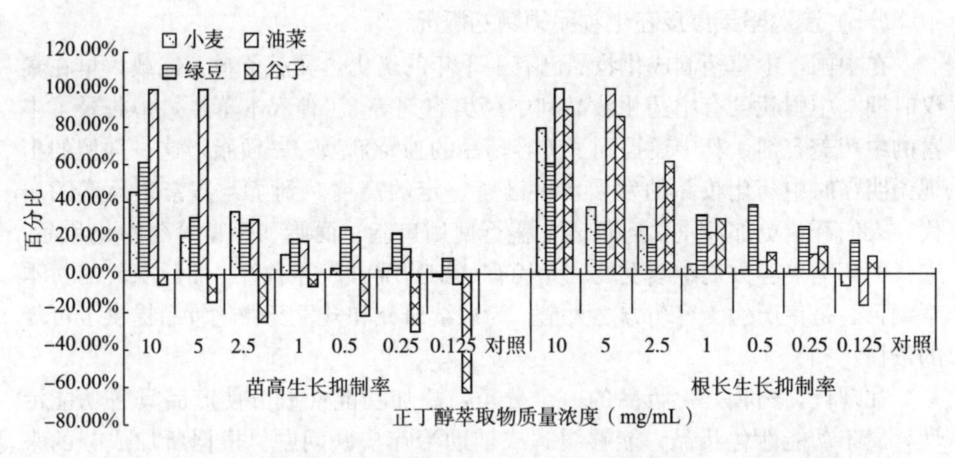

图 4-10 澳洲坚果青皮正丁醇萃取物对几种作物种苗苗高、根长的影响

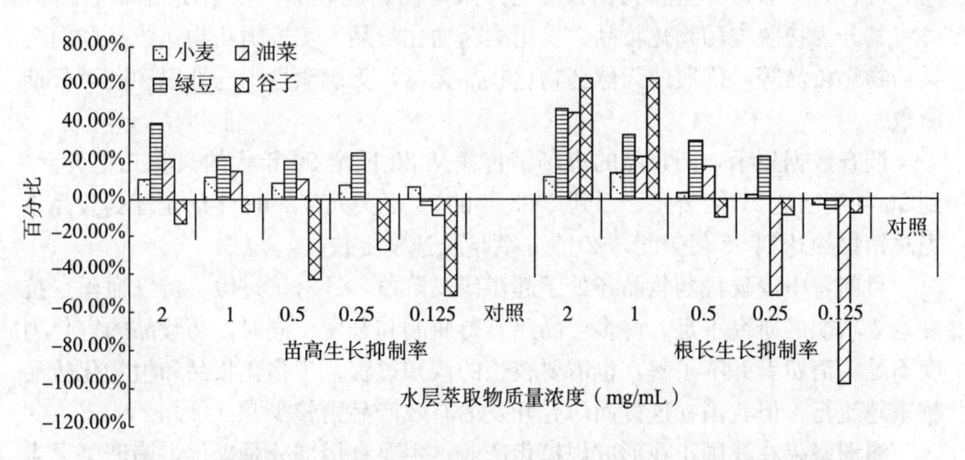

图 4-11 澳洲坚果青皮水层萃取物对几种作物种苗苗高、根长的影响

第二节 澳洲坚果青皮在日化洗护领域的应用

洗护用品是当下日常生活不可或缺的必需品。随着生活水平的日益提高，以及天然、健康、安全、环保理念的倡导，人们对日常洗护用品的需求也随之提高。植物活性成分因其功效好、副作用较小、安全性高等获得广大消费者的喜爱，已经开始成为各类洗涤产品及个人护理产品中的化学功能成分。人们对美的追求从未停止，对于洗护品，除了要具备基本的清洁功能之外，还提出了补水保湿、美白祛斑、抗衰抗氧化、防紫外线辐射、抗过敏、温和无刺激等需求。

（一）澳洲坚果青皮在化妆品领域的概况

在中国，中草药制成化妆品已有上千年的历史。文献资料上记载，早在秦汉时期，中国就已有中药化妆品和中药美容剂等，《神农本草经》中收录了丰富的中药美容剂，其中还提到了美容药品的独特剂型——面脂，这一剂型的出现说明当时中药化妆品的发展水平已有一定的高度。到了经济繁荣昌盛的唐代，人们开始更加注重仪容仪表，盛行使用口脂、面脂和手膏等药物化妆品。宋代的药物美容方剂继续发展。元代有《御药院方》等名著。而后明代的《本草纲目》是集历代美容药方之大全，为后续研究和开发药物化妆品提供了可靠的依据。

在现代，药妆是化妆品的一个分类，添加功能性成分使产品具备功能活性，属于功能性化妆品，能够缓解或辅助治疗皮肤问题。根据所加成分的来源，可将其分为天然药物化妆品与化学药物化妆品；根据所加成分的作用不同，可将其分为营养型药物化妆品与疗效型药物化妆品；根据使用部位不同，可将其分为护肤类药物化妆品、发用类药物化妆品、美容类药物化妆品和健美类药物化妆品等。优质的天然药物化妆品无毒，无刺激性，药性温和，可长期涂敷。

调查数据显示，药妆品的市场销售额从20世纪90年代的只有几亿美元，到2004年已达27亿美元，再到2008年的39亿美元，2009年的全球药妆品市场总销售额达到58亿美元，2010年后增长速度更快。

目前，中国现代药妆品还处于起步研发阶段，针对抗过敏、抗红血丝、抗衰老等功能的研究不足，许多产品还有待研制和开发。同时，药妆品的宣传力度不足，消费者并不了解，也需要较长的认知过程；生物化妆品和植物化妆品越来越流行，但我国在这方面研究开发的有效产品则较少。

澳洲坚果在我国正在形成规模化产业，主要食用部分是果仁，澳洲坚果青皮作为加工后的副产物，产量巨大。有研究结果表明，澳洲坚果青皮中含有单宁、熊果苷等功效成分。其中熊果苷能有效地抑制皮肤中的生物酪氨酸酶活性，阻断黑色素的形成，从而减少皮肤色素沉积，祛除色斑的同时还有杀菌、消炎的作用，是当今流行的安全有效的美白原料。从澳洲坚果青皮中可提取天然单宁、熊果苷等功效成分，添加到产品中可赋予产品相应的功能。同时，澳洲坚果油在美白隔离底霜中具有一定的药理作用，它能调和老化或干燥的皮肤，使皮肤柔软，治疗创伤；还可用于制作保湿霜，使肌肤柔软而有活力，保护肌肤细胞的细胞膜，增加肌肤润滑度以及滋养度等。

因此，以澳洲坚果青皮为材料，研究澳洲坚果青皮的提取纯化方法、药理作用、美容保健作用，并用于药妆产品的研发，有利于延伸澳洲坚果的产业链，提高澳洲坚果的附加值，对澳洲坚果产业具有实用价值。

(二) 澳洲坚果青皮提取的制备

澳洲坚果中含有熊果苷、单宁酸等，根据熊果苷、单宁酸具有较大的极性和亲水性，且其易溶于水、乙醇，难溶于氯仿、苯和石油醚的性质，选择水和乙醇这两种溶剂进行浸提。

(1) 青皮的水提醇沉。取粉碎处理过的青皮，按照1∶10的比例加入超纯水，水浴加热1h后过滤、抽滤，得到青皮水提液（绿色）。水提液中滴入等量的95%乙醇，静置12h，溶液中出现絮状沉淀，过滤，将水提液浓缩，得到青皮提取物。

(2) 青皮的水提活性炭吸附。取粉碎处理过的青皮，按照1∶10的比例加入超纯水，水浴加热1h后过滤、抽滤，得到青皮水提液（绿色）。水提液中加入适量的活性炭吸附，静置12h，抽滤得到青皮提取物。

(3) 青皮的醇提水溶液。取粉碎处理过的青皮，按照1∶10的比例加入95%的乙醇置于圆底烧瓶中，水浴加热回流3h后过滤、抽滤，得到青皮醇提液（绿色）。醇提液放入蒸发皿，在水浴锅中将95%乙醇蒸出，在蒸发皿中加入适量的超纯水，充分溶解，得到青皮水溶液（黄色）。将黄色的青皮水溶液置于分液漏斗中，加入等量的石油醚进行萃取，重复2～3次，得到脱脂后的青皮提取物。

相较于水提法，用95%乙醇提取获得的青皮出膏率大，提取率最高，且熊果苷含量最高。

(三) 澳洲坚果青皮浸膏的制备

取粉碎处理过的青皮，按照1∶10的比例加入95%的乙醇置于圆底烧瓶中，水浴加热回流3h后过滤、抽滤，得到青皮醇提液。醇提液放入蒸发皿，在水浴锅中将95%乙醇蒸出，在蒸发皿中加入适量的超纯水，充分溶解，得到青皮水溶液。将黄色的青皮水溶液置于分液漏斗中，加入等量的石油醚进行萃取，重复2～3次，得到脱脂后的青皮提取物。因单宁等活性成分可溶于水，故选择水层部分进行旋蒸至浸膏状。

(四) 澳洲坚果青皮的提取物在护肤品中的应用

1. 单宁的药理作用　澳洲坚果青皮含单宁物质，单宁能沉淀蛋白质，具有收敛作用，使皮肤变硬，从而保护黏膜、制止过分分泌，也可止血；能减少局部疼痛，减少受伤处的血浆渗出，并有防止细菌感染的作用。主要用于治疗褥疮，也可用于湿疹、痔疮及新生儿尿布疹等的治疗。

2. 单宁在化妆品中的应用

(1) 单宁在化妆品中的收敛作用。单宁最直接的效果就是收敛作用，在化妆品中加入单宁，单宁与蛋白质以疏水键和氢键等方式发生缩合反应，使人产生收敛的感觉。含单宁的化妆品在防水条件下对皮肤有很好的附着力，并改善毛孔粗大，使毛孔收缩，令人体皮肤绷紧而减少皱纹，显出细腻的外观。

（2）单宁在化妆品中的防晒功能。单宁是在紫外线光区有强烈吸收的一类天然物质，茶单宁、柿单宁等已经被证实对人体无毒性。单宁与单宁之间，或者单宁与黄酮之间以疏水键和氢键形成分子复合体，一方面二者互为辅色素发生共色效应，提高了吸光度；另一方面也提高了水溶性，使二者具有协同作用。因此，多数防晒产品就是因为加入了单宁这类物质，对紫外线的吸收率达98%以上，才可以起到很好的防晒作用，同时对日晒皮炎和各种色斑均有明显抗御作用。

（3）单宁在化妆品中的美白作用。黑色素影响我们皮肤的颜色，而黑色素是在紫外线作用下由黑色素细胞内的酪氨酸经酪氨酸酶等一系列催化合成的。单宁能抑制酪氨酸酶和过氧化氢酶的活性，在吸收紫外线的同时，也能使黑色素还原脱色，抑制黑色素的生成，并能有效清除活性氧，因此，单宁加入化妆品可以达到美白祛斑的效果。

（4）单宁在化妆品中的抗皱作用。胶原在真皮中形成致密的束状，与皮肤表面平行。随着年龄的增长，我们皮肤表面越来越多皱纹，是因为皮肤中的胶原蛋白在自由基的作用下相互影响交联，使结构变得坚固，缺乏弹性的同时形成皱纹。维持皮肤弹性最主要的物质是弹性蛋白中的纤维蛋白，其含量下降或者变性是皮肤弹性下降以及皱纹形成的主要直接原因。要想恢复皮肤弹性、光泽、延缓皱纹产生和衰老，最主要的方法是抑制弹性蛋白酶对弹性蛋白的降解。单宁可以清除自由基和抑制弹性蛋白酶活力，某些特殊单宁还可以促进细胞新陈代谢、培养皮肤活力使其保持健康、光泽、有弹性。

（5）单宁在化妆品中的保湿作用。皮肤长期缺水会导致粗糙、失去光泽、早衰和形成皱纹，因此皮肤外观的健康与否取决于角质层含水量的多少。单宁分子结构中含有大量的亲水基，也就是酚羟基，它在空气中极易吸潮，具有非常好的保湿作用。另外透明质酸是皮肤中的一种黏多糖，是一种天然保湿剂。随着人体年龄增长，透明质酸酶会分解透明质酸，导致皮肤干燥、形成皱纹，影响皮肤健康。单宁对透明质酸酶有显著的抑制作用，减缓皮肤中透明质酸的分解，从而真正达到生理上的深层天然保湿作用。

（6）单宁在化妆品中的抗氧化和防腐作用。单宁对多种细菌、真菌和微生物有明显的抑制作用，但在相同的抑制浓度下，不影响人体细胞的生长发育；单宁又有独特的抗氧化性，能有效抵御生物氧化和清除活性氧，在化妆品中加入单宁能有效抑菌和保健防腐。

3. 熊果苷在化妆品中的功效　澳洲坚果属于山龙眼科植物。熊果苷是山龙眼科植物中可分离得到的天然活性物质。其化学名为 4-羟苯基-B-D-吡喃葡萄糖苷（简称β-熊果苷)。β-熊果苷的去色素作用机制已有报道，其是一种酪氨酸酶抑制剂，主要阻断多巴及多巴醌的合成，从而遏制黑色素的生长，具有使皮肤增白的作用。随着人们对β-熊果苷研究不断深入，熊果苷作为一种安全高效的美白成分必将在国际化妆品中占有极其重要的地位，有着广阔的应用前景。

(1）熊果苷的美白、去色素作用。黑色素是深色素类物质的一种，能引起皮肤的着色，是在黑色素细胞中由苯丙氨酸或酪氨酸经氧化等一系列生化反应生成的。酪氨酸酶兼具酪氨酸羟化酶活性和多巴氧化酶活性。熊果苷是一种天然活性物质，国内外绝大多数学者均报道其具有美白活性，其美白机理为熊果苷对酪氨酸酶具有竞争性及可逆性抑制，从而阻断多巴及多巴醌的合成，进而抑制黑色素的生成，达到肌肤美白效果。熊果苷细胞毒性很低，不影响人黑色素瘤细胞生长的最高浓度为100mg/mL。在此浓度下，使用5d后20%黑色素合成受到抑制，其抑制作用呈剂量依赖性。但也有学者经研究后得出与上述不同的结论，有研究表明，熊果苷在浓度0.5～8mmol/L范围内能够使培养的人黑色素瘤细胞中的色素增加，但这种黑色素的增加不是通过增强酪氨酸酶活性来介导的，其机理尚在探讨中。这种差异可能与熊果苷使用浓度及试验条件不同有关。

(2）熊果苷的抗氧化作用。通过采用体外培养人脐静脉内皮细胞ECV2304观察熊果苷对细胞的保护作用，表明熊果苷可以抵御 H_2O_2 所致ECV2304细胞氧化应激损伤。

(3）熊果苷在护发剂、染发剂中的用途。熊果苷能与两性表面活性剂、阳离子配伍，减轻对皮肤的刺激，甚至无刺激，并能控制表面活性剂的黏着性。因此，在护发剂中加入熊果苷能抑制头皮屑的生成；在染发剂中加入熊果苷能够减轻染发剂中染料对皮肤的刺激性。

(4）熊果苷使用现状。熊果苷作为较安全的美容增白剂，世界知名品牌均开始使用。2002年有品牌陆续推出了含有α-熊果苷的新活性皮肤增白剂，或含有α-熊果苷成分的系列化妆品。研究发现，α-熊果苷能够更方便地加入各种美白亮肤化妆品中，对紫外线灼伤所形成的皮肤斑痕具有明显的修复效果。pH为3.5～6.5条件下最稳定，推荐添加量为0.2%～5%，可用于所有的配方中。

（五）澳洲坚果青皮化妆水制备工艺

以甘油和丙二醇为保湿剂，苯甲酸钠为抑菌剂，加入药物成分青皮浸膏和香精，可初步制成具有美白保湿效果的化妆水，在此简要介绍澳洲坚果青皮化妆水的制备方法及其效果验证。

1. 澳洲坚果青皮化妆水制备方法　设计如表4-1所示。

表 4-1　澳洲坚果青皮化妆水处方设计表

药物成分	保湿剂	香精	抑菌剂
10%青皮溶液	10%甘油，10%丙二醇	1滴	5%苯甲酸钠

配制 1 000mL 化妆水：分别将药物成分、保湿剂、抑菌剂与超纯水溶解，然后混合搅拌均匀，最后加入香精一滴，装瓶并超声波振荡，排除气泡，密封。

2. 澳洲坚果青皮化妆水保湿效果的测定　根据化妆品成分吸湿、保湿性的差异，不同的保湿剂分子对水分子的作用力不同，吸收水分和保持水分的能力不同。吸湿作用力大的，对水分子结合力强，吸收和保持水分的量也比较大，封闭性好，水分散失少。利用胶带模仿角质层、表皮等生物材料，在胶带上涂抹化妆水，模拟实际化妆水的应用状况。在恒温恒湿的条件下放置一定时间后，称量样品放置前后的质量差，求出样品量的损失，可以测定保湿成分保湿的效果。

(1) 测试步骤：

①称量 6 块贴有 3cm 长胶布的玻璃板质量（M_0），分别记录，1、2、3 为滴加甘油，4、5、6 为滴加丙二醇；

②分别用移液管取 0.2mL 5%、10%、15%的甘油和 5%、10%、15%的丙二醇滴加于贴有 3cm 胶布的 6 块玻璃板上，用分析天平称量该质量 M_1（精确到 0.000 1g），涂匀样品，将玻璃板置于室温下（图 4-12）；

③放置 2h 后，称量该玻璃板的质量（M_2），测定样品保湿率。

注意事项：涂抹样品时要尽量均匀，不能有样品遗留在涂抹器上。

图 4-12　保湿效果测定试验图

(2) 保湿率计算。保湿率计算公式：

$$保湿率=\frac{M_2-M_0}{M_1-M_0}\times100\%$$

公式中：M_0为空板质量（g）；M_1为加样后玻璃板质量（g）；M_2为干燥放置后质量（g）。

表 4－2　保湿率计算结果

试验序号	M_0（g）	M_1（g）	M_2（g）	保湿率（%）
1	12.005 8	12.202 4	12.046 9	20.91
2	13.320 2	13.551 3	13.375 3	23.84
3	14.536 6	14.746 7	14.607 1	33.56
4	16.153 3	16.353 1	16.175 8	11.26
5	14.323 7	14.536 8	14.356 2	15.25
6	10.123 8	10.339 1	10.160 9	17.23

注：1、2、3 组为滴加甘油，4、5、6 组为滴加丙二醇。

由表 4－2 看出，以甘油为保湿剂配制成的化妆水保湿效果好于以丙二醇为保湿剂配制成的化妆水。但在实际配制过程中，只加入甘油作保湿剂制成的化妆水不够清澈，而加入等量丙二醇可解决此问题，故最终配制方案采用加入等量的甘油和丙二醇作保湿剂。

3. 澳洲坚果青皮化妆水抑菌效果测定

测定步骤如下：

①将青皮水溶液定容到 1 000mL；

②取样，分别加入苯甲酸钠和苯甲醇水溶液作抑菌剂；

③分别量取 2.5mL 样品装入有盖的小玻璃瓶中，盖好，避光保存，做 3 组平行试验；

④观察，每隔 3d 观察玻璃瓶的长菌情况。

经过 45d 的观察期，分别以苯甲酸钠和苯甲醇水溶液作抑菌剂的瓶中溶液无任何异常变化，未出现发霉长菌的现象，经检测，青皮化妆水各项指标符合相关卫生标准。因此，以苯甲酸钠和苯甲醇水溶液作抑菌剂制备成的化妆水抑菌效果较好，二者可以作为药妆的抑菌剂，具有较好的抑菌作用，且对人体皮肤无副作用，保证化妆水的质量，防止变质。但是以苯甲醇作抑菌剂配制的化妆水具有一种刺激性气味，影响化妆水的商品品质，而以苯甲酸钠为抑菌剂配制的化妆水无任何异味，品质较好。

经过对澳洲坚果青皮化妆水制备的初步研究，比较了不同方法对活性成分的提取率，最终确定采用醇提水沉的方法提取青皮水溶液，并根据中药药妆成分配制。以甘油和丙二醇为保湿剂，以苯甲酸钠为抑菌剂，加入药物成分青皮浸膏和香精，得到具有美白保湿效果的化妆水，其保湿和抑菌效果较好，且对人体皮肤无不良作用，具有市场推广意义。

（六）澳洲坚果青皮提取物应用发展市场

目前开发天然植物成分是世界化妆品的发展趋势，添加活性成分于日化洗护产品以增加功效，是我国开发现代药妆产品最有前景的途径之一。我国澳洲坚果种植面积居世界第三，青皮产量巨大，不仅易得、价格低廉，而且效果明显，充分提取利用澳洲坚果青皮中的活性物质，开发大众型药妆产品，未来有望大规模占领国内市场。

（七）澳洲坚果青皮化妆品

现代科学表明，药妆的活性成分有单宁、熊果苷、维生素C、果酸、抗氧化剂、抑菌消炎剂等。如祛斑类的壬二酸，在美白的同时，还具有保湿、调节皮脂分泌、增进皮肤弹性等功效；抗氧化类的辅酶Q10，具有活化呼吸链、在细胞内合成并运送能量，以及抗氧化、清除自由基、保护细胞等功能（图4－13）。

图4－13　澳洲坚果青皮化妆品

澳洲坚果青皮蕴含大量活性物质，在对其进行利用之前，应研究青皮活性成分的高效提取纯化，为澳洲坚果青皮药妆产品的开发提供技术保障；对青皮活性成分进行定量研究，明确其量效关系，为药妆产品的开发提供理论支持；最后设计工艺配方制备成为化妆水、乳液、精华、面霜等功能性药妆产品，并进行功能验证。澳洲坚果青皮的梯次利用和产业化仍需更多研究和探索，需要整个产业共同努力。

第三节　澳洲坚果青皮栽培食用菌技术

食用菌是指能形成大型肉质（或胶质）子实体或菌核组织的、可供食用的高等真菌的总称；食用菌不仅味道鲜美，而且营养丰富，其蛋白质含量是一般蔬菜和水果的数倍至数十倍。食用菌富含人体所需的蛋白质、核酸、碳水化合物、纤维素、维生素、矿物质等物质，具有极高的营养价值。同时，许多食用菌含有各种功能活性成分，具有良好的药用保健价值，如预防肿瘤、增强免疫功能、调节血脂、保肝解毒、降血糖等。因此，食用菌是世界公认的健康食品，也是消费者日常生活中不可或缺的重要食物之一。据统计，截至 2000 年，中国的食用菌有 938 种，可人工栽培的有 50 多种。其中，常见的栽培品种有双孢蘑菇、平菇、黑木耳、毛木耳、香菇、金针菇、草菇、灵芝、羊肚菌、黑皮鸡枞、秀珍菇、杏鲍菇、茶树菇、鸡腿菇、榆黄蘑、猴头菇、竹荪、银耳、大杯蕈、金福菇、姬菇、北虫草、蟹味菇、黄伞等。食用菌栽培不与人争粮、不与粮争地、不与地争肥、不与农争时；同时，食用菌栽培具有投资小、周期短、见效快的特点，在促进乡村振兴、发展农村经济中发挥着重要的作用。

我国是食用菌生产大国，因此食用菌基质的开发前景非常广阔。以农林及加工副产品为主要栽培原料，可充分利用废弃资源，具备良好的经济效益、生态效益和社会效益。

在前期研究中发现，澳洲坚果青皮的主要成分是纤维素、木质素、矿物质，并且富含蛋白质，氮元素含量可观，是良好的食用菌培养基材料。棉籽壳作为食用菌培养基的主要成分，价格持续走高，而澳洲坚果青皮价格低廉，研究青皮作为食用菌培养基是食用菌低成本、高质量发展的有效途径（图 4－14）。

1. 澳洲坚果青皮代料栽培食用菌所需的场地条件及设施设备

（1）场地环境条件。食用菌代料栽培的场地要求有清洁的水源，地势平坦，排水通畅，空气清新，卫生良好，尽量远离家畜和家禽养殖场所。

（2）场地主要功能区。

①原料区。采用雨棚或露天场地，主要用于各种原料的堆放，及使用前预湿等处理。原料区应尽量与灭菌、接种和养菌等区域隔离分开。

②菌包制备区。多采用半敞开式高棚。棚高 5～7m，面积以 100m^{2}以上为宜，主要用于原料的配制、拌匀、装袋和灭菌设备的放置及操作处理。

③接种区。在培养大棚或专设的接种房进行菌包接种的接种操作，要求无菌条件达到标准要求。

④培养区。可采用塑料遮阳大棚作为培养区，也可用闲置旧屋房间。培养区主要用于接种后食用菌菌包堆放培养，要求避光阴凉及通风条件良好。

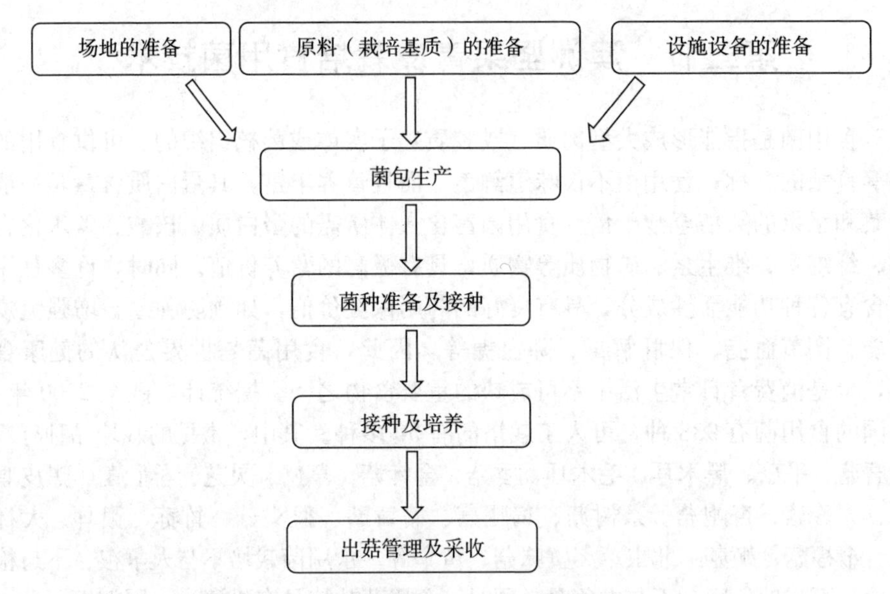

图 4-14　澳洲坚果青皮栽培食用菌的工艺流程

⑤出菇区。多采用塑料遮阳大棚，主要用于摆放长满菌丝的菌包，利于出菇及相关管理。

⑥采收处理区。主要用于采收后食用菌的清洗、分级、包装及冷藏、干燥等操作。

(3) 食用菌栽培中的设施设备。主要有拌料机械，如翻料机、搅拌机；装袋机；高温灭菌设备，如常压/高压蒸汽锅炉、灭菌房；接种箱等相关的设施设备。

2. 澳洲坚果青皮栽培食用菌的技术要点

(1) 培养料配制。培养料是食用菌的营养来源，应做到营养搭配合理，水分和 pH 适宜（表 4-3）。所使用的原料应干燥、新鲜、无霉变、无虫害、无异味、无混杂物，不得检出违禁物质和农药残留超标。常用的栽培主料有澳洲坚果青皮等，辅料为麦麸、木屑、过磷酸钙、石膏、石灰等。

(2) 原料预处理。应先将澳洲坚果青皮粉碎（彩图 5），澳洲坚果青皮喷水预湿后加入发酵菌剂，之后建堆发酵，使澳洲坚果青皮充分发酵，并降解所含单宁等物质（彩图 6）。同时木屑喷水预湿，建堆发酵，使水分渗入原料内部；注意水溶性营养成分含量高的辅料，即麦麸、蔗糖等不能提前加入。

(3) 原料混匀。将预湿好的澳洲坚果青皮原料稍摊开，均匀撒入其他辅料；水溶性辅料应先溶于水中，随水均匀洒入原料；全部原料都加入后，通过人工或搅拌机械将原料翻拌均匀。

表 4-3　主要食用菌品种的栽培原料配方

食用菌品种	配方
平菇、秀珍菇、榆黄蘑	配方①：澳洲坚果青皮 50%、桑枝 35%、麦麸 11%、过磷酸钙 1%、石膏 1%、石灰 2%
	配方②：澳洲坚果青皮 50%、甘蔗渣 35%、麦麸 11%、过磷酸钙 1%、石膏 1%、石灰 2%
	配方③：澳洲坚果青皮 70%、桑枝 15%、麦麸 11%、过磷酸钙 1%、石膏 1%、石灰 2%
	配方④：澳洲坚果青皮 70%、甘蔗渣 15%、麦麸 11%、过磷酸钙 1%、石膏 1%、石灰 2%
香菇、黑木耳、大杯蕈	配方①：澳洲坚果青皮 35%、杂木屑 45%、麦麸 15%、蔗糖 1%、过磷酸钙 1%、石膏 2%、玉米粉 1%
	配方②：澳洲坚果青皮 25%、杂木屑 55%、麦麸 17%、蔗糖 1%、石膏 2%
金福菇	配方①：澳洲坚果青皮 25%、杂木屑 27%、甘蔗渣 25%、麦麸 15%、石膏 1%、石灰粉 2%、玉米粉 5%
	配方②：澳洲坚果青皮 25%、桑枝 52%、麦麸 15%、石膏 1%、石灰粉 2%、玉米粉 5%

（4）原料含水量判断。拌料时，应调节好水分，培养料水分含量应为60%～70%。含水量以用手使劲捏培养料，培养料有水渗出但不往下滴水为宜；若无水渗出，说明水分不足，应喷水，并再次将原料拌匀。

（5）原料 pH 判断。拌料时，还应调节原料的 pH。不同食用菌品种对培养料 pH 的要求不同，因此应根据品种调节原料 pH；原料 pH 的调节通过调节石灰使用量实现，pH 可用 pH 试纸直接测定。

3. 培养料装袋　配制好的培养料应在当天完成装袋和装锅灭菌，不宜留置过夜。根据灭菌温度选择相应的袋子，建议根据不同食用菌品种选用不同规格的聚丙烯菌种袋，如平菇、榆黄蘑、金福菇等采用常规的 22cm×45cm 的筒料袋，香菇、黑木耳等采用 15cm×55cm 的筒料袋；填装量 22cm×45cm 的袋料约重 2.5kg、15cm×55cm 的袋料约重 1.75kg；装袋完毕后用绳子扎紧袋口，或在袋口套上无棉盖体封口。

4. 高温灭菌　高温灭菌指将培养基料中所含的杂菌和害虫等全部杀灭的过程。高温灭菌有利于接种后食用菌菌丝的健康生长，主要操作步骤包括装锅、灭菌和出锅。培养料装袋完毕后应及时装锅灭菌，不要留置过夜。

（1）装锅注意事项。①将菌包搬入灭菌容器前，应将菌包表面附着的杂物清理干净；②菌包在灭菌容器内按层摆放，菌包按一层横、一层纵堆放，以利于高温蒸汽的通畅；③堆放时，每5～6层设1层支架，避免堆放太高导致下层菌包被压扁；④搬放菌包时应避免袋子破损。

（2）高温灭菌。装锅完毕，立即将高温灭菌容器密封好，并预留出气口；通入高温蒸汽加热升温，使容器内温度在4h内达到灭菌温度。常压灭菌时，温度达到100℃时开始灭菌计时，保持加热12～15h，中间不能熄火，但在计时开始1h后可将火力调小，到时间后停止加热。高温灭菌时，温度达到126℃时开始计时，时间为2～3h。

（3）出锅。灭菌完毕停止加热后，等锅内温度自然降至60℃以下才能开盖出锅。随后，将灭好菌的料袋搬入预先消毒的接种场所。

5. 接种　接种是将食用菌的菌种放入灭好菌的培养料中，使其在培养料中萌发生长（彩图7）。

（1）接种场所的清洁与消毒。接种过程空气等环境中的杂菌容易进入料包，在料包内萌发生长，与食用菌菌丝竞争营养，甚至危害食用菌。因此，在将灭菌后的料包搬入前，需预先对接种场地进行清洁和消毒处理。清洁和消毒主要有以下方面：①清除接种场所内的杂物；②扫除地面和墙面灰尘，若是泥地面则先撒石灰消毒，再铺垫一层新的塑料薄膜；③用苯扎溴铵（新洁尔灭）消毒液喷洒地面和墙面，若是在田间大棚内接种则用敌百虫等农药喷大棚四周，以杀虫驱虫；④用烟雾消毒剂熏接种空间，以杀灭空气中的杂菌，接种场所应进行2次烟雾消毒，分别在料包搬入前消毒1次，料包搬入后消毒1次。

（2）菌种的准备和质量检查。料包灭菌消毒后，最好在1～2d内接入菌种，否则会增加料包感染杂菌的风险，因此菌种应预先制备或订购。食用菌菌种要求菌龄适宜、生长健壮、无杂菌。质量检查时主要掌握以下几点：①菌袋外表应菌丝满袋，洁白健壮，颜色均匀；②袋壁和面上无较厚的菌皮、原基和菇蕾，否则说明菌龄太老，不能使用；③袋壁和面上无青、黄、绿、黑、红等颜色，否则说明感染杂菌，不能使用；④打开盖子，盖子内侧无杂菌附着；⑤开盖后闻一闻，应无异味，有菇的清香味。

（3）接种。接种操作需将灭好菌的料包打开或打孔后将食用菌菌种放入，此过程很容易带入杂菌，因此应尽量按照无菌操作的要求进行。接种步骤包括消毒、开菌种袋取种、开料包放种、菌包封口、菌包搬出摆放。接种操作的基本要求如下：①灭好菌的料包搬入前后接种箱均要用烟雾消毒剂消毒；②接种人员衣帽要干净；③操作人员的手和接种用具应先用含75%酒精的棉球擦拭消毒；④操作人员不能对着打开袋口的菌种和料包说话，操作时尽量戴口罩；⑤接种箱用烟雾消毒剂消毒结束30min后才能开始接种；⑥打开菌种袋前，应先检查菌种质量，再用含75%酒精的棉球擦拭袋壁；接新的一袋菌种时，要更换新的酒精棉球；⑦打开菌种袋时，动作要轻，半打开状态时进一步仔细检查是否有杂菌感染，若有杂菌，应重新封口，不可使用；⑧料包应打开一袋接种一袋，接入菌种后立即封口，袋口要扎紧，不能有松动；⑨料包要轻拿轻放。

6. 发菌管理　发菌即指接入菌种后，食用菌菌丝在料包中萌发和生长，直至菌丝长满袋，达到生理成熟但还没出菇的阶段。发菌时长因食用菌品种而异，平菇、榆黄蘑等发菌时间为30～40d，黑木耳约50d，香菇则需60d以上。发菌环境的要求有以下几点：①环境温度因食用菌品种而异，中高温品种如平菇、金福菇、大杯蕈、黑木耳、香菇等的发菌温度为25～30℃，低温品种如金针菇、杏鲍菇等的发菌温度为20～25℃；光照一般都要求较暗，需遮光；②空气湿度一般控制在60%～70%为宜，较干爽；③通风良好，空气新鲜；④环境卫生良好，远离养殖场所。

(1) 发菌场所的清洁消毒。

一是房屋内发菌。要在料包接种前预先对房间进行清扫，用苯扎溴铵（新洁尔灭）水溶液消毒地面和墙面，并用烟雾消毒剂消毒空气。

二是大棚内发菌。要在料包接种前预先清除杂草、杂物，用敌百虫等杀虫剂喷洒棚内及四周，杀死和驱赶害虫。

(2) 菌包的摆放。接种后的菌包应及时搬入培菌场所，搬动时要轻拿轻放。筒料菌包和长袋菌包均卧式摆放，其中钻孔接种的菌包，接种孔应朝上；短袋菌包既可卧式摆放（彩图8），也可立式摆放。菌包的堆叠方式有墙垛式和“井”字形堆叠法。一般冬季温度低时采用墙垛式堆叠法，可堆高些，堆间距离可小些；夏季温度较高时采用“井”字形堆叠法，不能堆太高，堆间距应大些，以利于通风。有条件的可搭设层架，将菌包分散摆放至层架上。

(3) 温度的监测。发菌期间，应定期检查菌包堆内的温度，避免高温烧坏菌丝。可在堆内不同位置放置温度计，或直接用手触摸菌包。若中高温品种菌包堆内温度达到35℃以上，手感到温热时，应及时加强场所的通风降温，并将菌包堆散开，降低堆高。

(4) 菌丝生长情况的监测（彩图9）。

一是检查菌种的萌发情况。一般接种3～5d后，接种点菌丝变白则说明菌种已萌发，不变白则尚未萌发，发黑说明被杂菌污染。若菌种不萌发或萌发差，经检查，如果是因为菌种的问题则应更换菌种，重新接种；如果是因为培养料不合适或灭菌不彻底，则应立即清除菌袋，重新配制培养料和灭菌。

二是检查菌丝的生长情况。菌种萌发以后，每隔3～5d检查菌丝长势，若发现菌丝生长突然变缓慢，可能是环境温度和通气条件不合适，应调节环境条件。

三是检查菌包病虫害情况。发菌期间还要观察菌包是否发生杂菌感染或病虫危害，严重感染杂菌的菌包应及时清除，有虫害发生时应及时采取防治措施。

四是菌包翻堆。翻堆是将菌包堆上下和里外各部位的菌包进行位置对调，使堆内不同位置菌包的发菌情况一致。翻堆后，菌包重新堆放时，原来墙垛式堆放的菌包应该“井”字形堆放，还应将接种孔朝外侧摆放，使接种孔不被挤压，增加透气性。

7. 出菇管理 菌丝长满菌袋后，继续培养至菌丝开始出少量黄水，说明达到生理成熟，即可进入出菇管理阶段。不同食用菌品种对出菇环境的要求差异较大，但出菇管理的基本原则是对出菇环境因子进行调节，使出菇环境适宜食用菌子实体的形成和生长。

影响出菇的主要环境因子有水分、温度、通气性和光照；水分的调节管理一般可采用空中喷淋、地面浇灌和保湿调节等措施；温度的调节管理一般可采用季节安排、通风调温、遮阳调温和喷水降温等措施；通气性的调节管理一般可采用出菇棚的通风调节措施；光照的调节管理一般可采用遮阳网或草帘调节等措施。

（1）出菇场所的安排。出菇棚前期准备有：①常采用钢架或竹木结构的遮阳大棚；②棚内光照强度为100～200lx（勒克斯），加盖单层或双层遮阳网遮阳；③菌包搬入菇棚前应在地面撒石灰消毒；④泥地面应铺垫一层新地膜；⑤菌包入棚时间为菌丝长满袋后；⑥菌包可直接在地面按墙垛式垒堆，也可棚内搭层架，将菌包摆放在层架上，每排间距50cm以上。

（2）出菇期管理。

①后熟管理。菌丝满袋后，入棚上架后继续培养10～15d，开始现原基或菇蕾，此时应将袋口的封纸撕去。

②温度管理。主要根据品种特性选择适宜的栽培季节，高温平菇、高温秀珍菇适宜的出菇温度为25～33℃，在广西一般安排在4—10月出菇；广温平菇、榆黄蘑，以及常温秀珍菇和姬菇适宜的出菇温度为20～25℃，在广西一般安排在11月至翌年3月出菇；毛木耳适宜的出菇温度为25～30℃，在广西一般安排在3—11月出菇；普通秀珍菇一般在秋冬季节温度较低时才能出菇，但在8℃左右的低温环境下刺激一段时间后，也可在25～30℃正常出菇，实现在广西5—11月反季节栽培出菇。同时还应结合遮阳、通风和喷水等措施进行温度调控。

③通风管理。高温季节在晚上掀开大棚两侧的塑料膜通风；每次浇水后，应将大棚门打开通风。

④水分管理。出菇期要求空气湿度为85%～90%。菇蕾期应采取喷雾措施并在地面喷水保湿，避免用水龙头直接对着菇蕾喷水；菇盖长至直径3cm

以上，可直接对菌棒和菇喷水，一般每天喷水2～3次；高温季节喷水应在早上和傍晚进行，避免中午高温时段喷水。

8. 采收　根据需要适时采收，一般平菇和榆黄蘑在菇盖边缘展开和上翘之前采收，采收时将整丛菇摇动拔出；秀珍菇和姬菇的适宜采摘期为菇盖直径3～4cm时，采收时用剪刀从料面的菇柄处剪断，尽量保持菇体干净，采大留小；当耳片舒展下垂且肉质肥厚有弹性、耳根收缩、子实体有白色的孢子粉出现时，为黑木耳的采收适期，一般在采收前1～2d停止喷水，使耳片稍干燥，采耳时将子实体连根采下，不留耳基，以防流耳和耳根溃烂；采收后应停水7d，待新耳基形成后再进行第二批次的出菇管理。

9. 鲜菇采后处理　不同品种的食用菌采收后鲜菇的处理方式不同，主要有以下几种处理方法：①保持原状，直接鲜销，如平菇、榆黄蘑；②覆土栽培品种应削除菇脚泥土，如金福菇、鸡腿菇；③清理、分级和修剪后真空包装和冷藏处理，如秀珍菇、姬菇、杏鲍菇等；④晒干处理，如木耳类；⑤烘干处理，如灵芝、香菇等。

第四节　澳洲坚果青皮制备有机肥技术

我国是农业大国，肥料使用量大，包括化肥和有机肥。现代农业的发展需要同时兼顾农产品质量安全和环境保护。施用有机肥能够提升土壤有机质含量、改善土壤通透性、平衡土壤菌群结构，人们提倡以增施有机肥或者用有机肥替代部分化肥的方式来改善土壤环境、提高树体代谢和农产品产量及质量。有机肥多由农产品的废弃物制备而成。澳洲坚果青皮作为果实加工后的副产物，富含K、N等元素和有机质，可利用其作原料发酵有机肥。利用菌种对澳洲坚果青皮进行有氧发酵生产有机肥，还田利用，变废为宝，不仅可以减少环境污染，还能提高澳洲坚果副产品的利用率，提高种植户的效益，对澳洲坚果加工副产物的高值化利用以及产业高效生态循环经济发展具有积极的促进意义。

澳洲坚果青皮可以通过有氧发酵或者厌氧发酵的方式生产有机肥，有氧发酵生产有机肥因其生产设备和操作简单，在澳洲坚果青皮发酵有机肥的生产中得到广泛应用。相比之下，厌氧发酵生产有机肥操作同样简单，堆制的过程中不需要翻堆，但是对场地建设和生产设备的要求高，基础建设成本昂贵，因此应用受到限制。本节将重点讲述有氧发酵生产澳洲坚果青皮有机肥。

1. 澳洲坚果青皮成分　影响有机质发酵的关键因子为原料性质（包括水分、酸碱度、原料成分、碳氮比等），发酵菌种类和工艺条件。从目前的研究来看，澳洲坚果青皮主要成分为纤维素，有机质含量高达78.25%，适合作为原料制备有机肥（表 4-4）。通过有氧发酵方法堆制澳洲坚果青皮有机肥，测定堆肥在不同时期的温度、养分、有机质含量、pH、碳氮比变化情况，可以确定有机肥的腐熟程度。

表 4-4 澳洲坚果青皮成分

成分	总 N	总 P	总 K	有机质
含量（%）	1.00	0.15	2.05	78.25

2. 澳洲坚果青皮有机肥生产工艺（图 4-15）

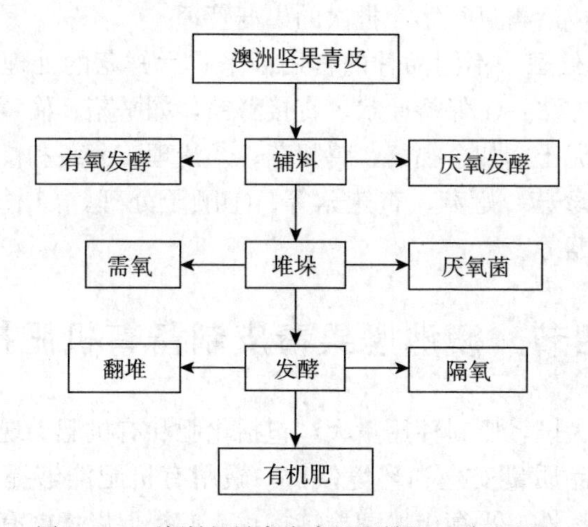

图 4-15 澳洲坚果青皮有机肥堆肥试验流程图

（1）澳洲坚果青皮的前处理。澳洲坚果青皮在阴凉处摊开晾干，直至质地变脆，能够碾压进一步粉碎（彩图 10）。

（2）辅料的选择。在澳洲坚果青皮发酵有机肥的过程中添加辅料通常是为了调节有机肥原料的初始碳氮比。有学者研究认为，有机肥发酵的初始碳氮比最佳范围是 25.87～30，该范围适合微生物繁殖生长，氮素损失少，腐殖酸含量最多，最终生产的有机肥产品内在品质和应用价值最高。经过试验发现，以畜禽类粪便为原料生产的有机肥容易出现重金属含量超标的现象，需要在发酵前进行重金属的富集处理。在澳洲坚果青皮发酵生产有机肥的过程中选择的辅料为麦麸或者菌菇渣（表 4-5）。

（3）菌种的选择。由于澳洲坚果青皮容易风干、纤维素含量高，故在使用澳洲坚果青皮生产有机肥的过程时，应使其中的纤维素得到有效分解。因此，选择专用的有机肥发酵菌，如枯草芽孢杆菌，在分解纤维素时能耐受堆沤产生的高温。菌种用蒸馏水稀释到 3%后结合发酵堆的堆制过程分层均匀喷洒添加。

表 4-5　发酵澳洲坚果青皮有机肥添加不同辅料的成分比较

处理	澳洲坚果青皮＋麦麸	澳洲坚果青皮＋菌菇渣	澳洲坚果青皮＋蚯蚓粪	澳洲坚果青皮＋玉米	澳洲坚果青皮＋米糠
总N（%）	1.51	1.58	1.56	0.97	1.38
总P（%）	0.31	2.35	3.11	0.25	0.28
总K（%）	2.61	2.65	2.28	3.01	2.57
有机质（%）	89.7	64.8	36	86	86.3
总养分（%）	4.43	6.58	6.95	4.23	4.23

（4）水分的保持和翻堆要求。在有机肥发酵过程中，过高含水量使试样呈浆状，不利于存放，而含水率过低则水分渗透不彻底，影响菌体生长，不能满足微生物生长代谢需要，无法发酵。澳洲坚果青皮有机肥堆制发酵时应保持物料表面湿润。发酵前10d，每隔2d翻堆1次，保持堆垛湿润；发酵10～40d，每隔7d翻堆1次，保持堆垛湿润；40d后无须翻堆。

（5）堆制发酵过程。

①澳洲坚果青皮堆肥温度变化。澳洲坚果青皮在堆肥后24h，堆内温度迅速上升至48℃，在堆制17d后堆内最高温度上升到63℃，处于高温期。在40d之前，每次翻堆周期内，温度先上升再下降，这是由于翻堆、补充水分后菌体营养、氧气和水分充足，生长速度快，因此发酵温度迅速上升，随着堆内氧气和水分被逐渐消耗，菌体发酵程度降低，温度随之降低。经过两次翻堆之后，每一次翻堆周期内的最高温都在下降，直至发酵后期（40d以后），堆内温度持续下降，然后趋于平稳，跟环境温度比较接近，略高于环境温度。这是因为菌体生命力逐渐衰弱，无法再进行有氧发酵（图4-16）。

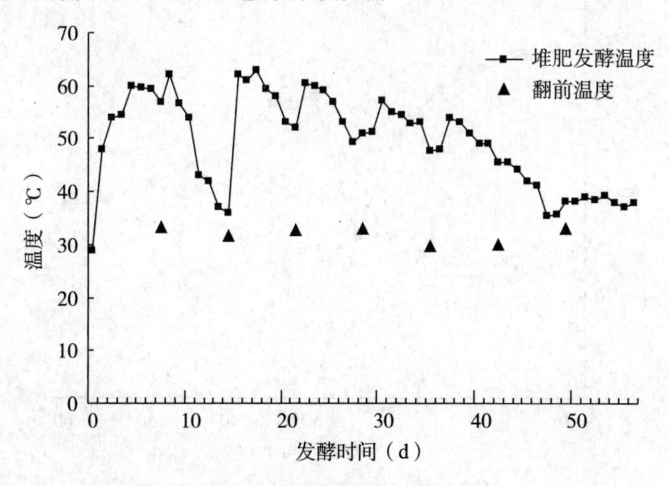

图4-16　澳洲坚果青皮堆肥不同时期温度变化

②澳洲坚果青皮堆肥 pH 变化。澳洲坚果青皮堆肥的 pH 初始为 5.58，堆肥偏酸性，而在发酵过程中，微生物繁殖，中和酸性，pH 一直上升，30d 以后，pH 略有下降，但是后期又有一个上升的过程，55d 后，pH 偏弱酸性，为 6.92，符合《有机肥料》（NY/T 525—2021）的要求（图 4-17）。

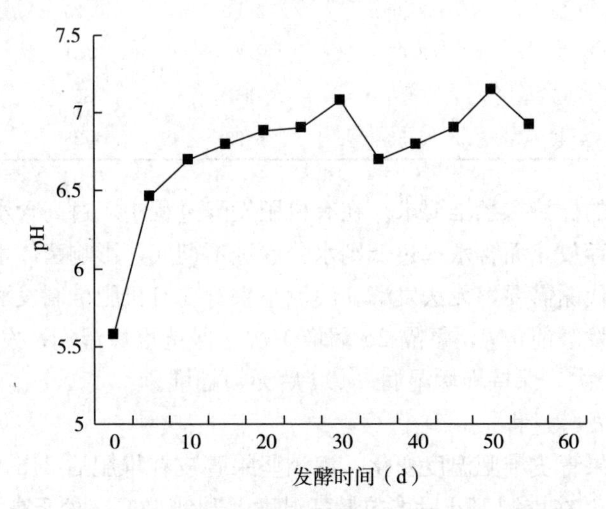

图 4-17　澳洲坚果青皮堆肥不同时期 pH 变化

③澳洲坚果青皮堆肥碳氮比（C/N）变化。一般认为，碳氮比是有机肥腐熟程度的重要参数，当碳氮比小于 20 时堆肥腐熟。澳洲坚果青皮堆肥以麦麸为辅料的初始堆制的碳氮比为 31，到了 35d 以后，比值缓慢下降，55d 时碳氮比为 19.5，并趋于稳定，说明堆肥达到腐熟（图 4-18）。

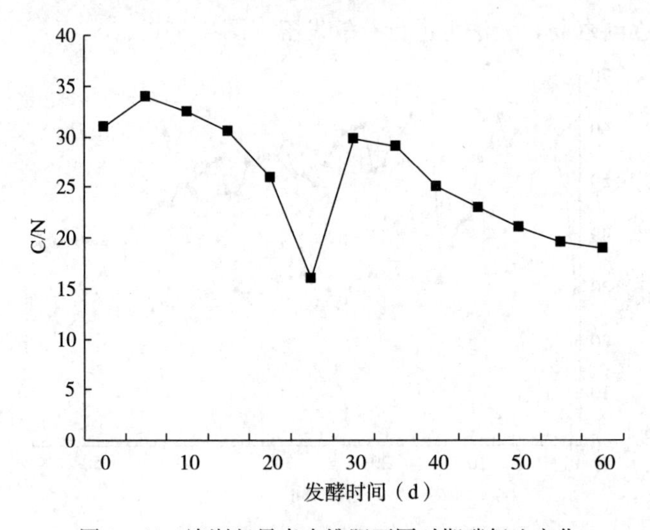

图 4-18　澳洲坚果青皮堆肥不同时期碳氮比变化

④澳洲坚果青皮堆肥养分和有机质含量变化。澳洲坚果青皮堆肥过程中有机质含量变化不大，N、P、K 等各养分含量都有增加（图 4－19）。原料含氮量由初期的 1.69％逐渐增加到堆制后期的 2.08％，全磷（P_2O_5）由初期的 0.29％逐渐增加到堆制后期的 0.37％，钾（K_2O）含量由初期的 1.73％逐渐增加到堆制后期的 2.74％。55d 后，有机质含量平均为 89.1％，N、P、K 总量 5.19％，从外观形态来看，为褐色、无臭味、质地柔软。腐熟后的有机肥应该按照现行的国家标准检测 N 含量、P 含量、K 含量、总养分含量、有机质含量、发芽指数、重金属含量、微生物等指标，达到标准要求才能成为产品进入市场流通。

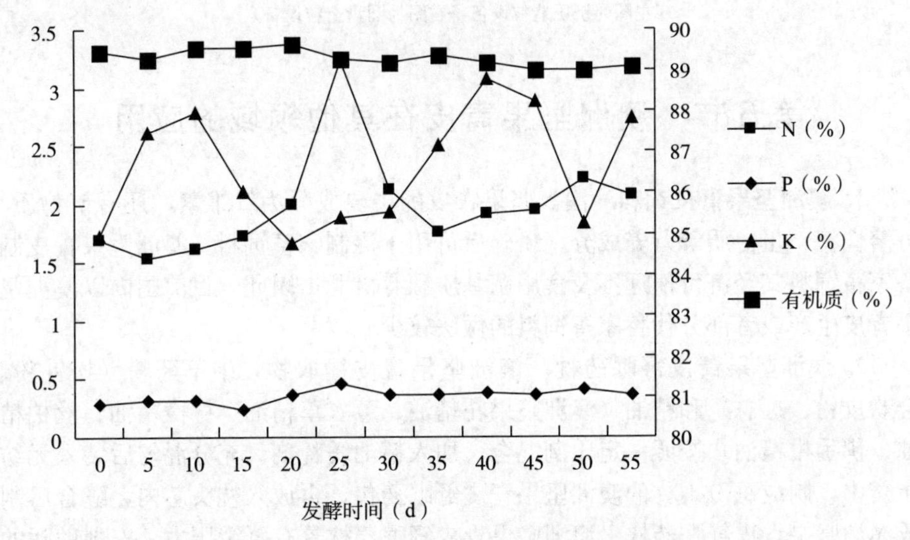

图 4－19　澳洲坚果青皮堆肥不同时期养分和有机质含量变化

3. 澳洲坚果青皮发酵有机肥产业现状　澳洲坚果青皮有机肥生产对场地的要求不高，选择果园或加工厂附近地势平坦开阔、运输便利、取水方便、不积水的场地即可；发酵工艺简单、便于操作，无论是果农还是有机肥生产企业均能轻松掌握；澳洲坚果青皮产量巨大，廉价易得（图 4－20，彩图 11）。目前，从种植者到有机肥生产者都能够自己发酵生产澳洲坚果青皮有机肥，使得澳洲坚果种植业节本增效。但是由于场地、技术门槛低，没有形成市场统一的技术标准和管理标准，导致发酵生产的澳洲坚果青皮有机肥质量良莠不齐，如生产的有机肥没有达到市场准入标准，使用后造成肥害，其后果将损失惨重。以标准规定澳洲坚果青皮有机肥的生产工艺、关键技术点，可以使产品质量统一，因此，制定相关行业技术标准势在必行。

图 4 - 20　生产上澳洲坚果青皮发酵有机肥造粒设备
（左图为挤压造粒设备，右图为圆盘造粒设备）

第五节　澳洲坚果青皮在其他领域的应用

1. 澳洲坚果青皮饲料　澳洲坚果青皮的主要成分为纤维素，还有矿物质、可溶性糖、蛋白质等营养成分，粉碎后可用于混制家畜饲料。澳洲坚果青皮制备家畜饲料其经济价值远不及食用菌基质和有机肥，因此，目前国内以澳洲坚果青皮生产或者部分代替家畜饲料的做法较少。

2. 澳洲坚果青皮舒眠药枕　澳洲坚果青皮提取物，中草药粉（松针粉、合欢皮粉、远志）和精油（澳洲坚果花精油、薰衣草精油、柠檬精油、丝柏精油、佛手柑精油）按照一定比例混合，加入精油缓释剂，充分混匀后装入无纺布袋中，制成每份 10g 的澳洲坚果青皮舒眠药包，再放入枕头芯内，缝合后制成澳洲坚果青皮舒眠药枕。澳洲坚果青皮舒眠药枕具有舒缓压力、安神助眠的功效。

第五章 澳洲坚果壳的综合开发与利用

第一节 澳洲坚果壳制备活性炭

（一）活性炭简介

目前澳洲坚果多以干果出售，果壳很难回收利用，一般会直接烧毁，造成了经济资源损失。因此，要挖掘坚果壳的潜在价值并开发利用，实现经济与生态的最大效益。澳洲坚果壳约占澳洲坚果总重量的 2/3，可作为加工副产物。目前，我国产生的澳洲坚果壳已超过 2 万 t，澳洲坚果产业飞速发展，而果壳精深加工的企业较少，大多数果壳被随意丢弃或者焚烧，造成严重的资源浪费和环境污染。当前，我国工业、农业发展迅速，但是工业排放的污水也影响到了人们的生活，为了改善工业排放的污水，当前主要应用成本低、吸附效果较好的活性炭处理污水，达到指标再排放。活性炭的益处不断得以印证，活性炭的需求量也在逐渐增加，而活性炭主要是用木材通过物理碳化和化学活化法制得的，如果大量应用木材制备活性炭，又将给环境带来更大的伤害。因此，许多研究者想要通过废物利用来制备活性炭，比如利用椰壳、坚果壳等。我国澳洲坚果种植面积逐年增加，产量逐步提升，若利用澳洲坚果壳制备活性炭，将避免果壳直接丢弃或者焚烧而造成的资源浪费和环境污染，并带来可观的经济效益，对促进整个澳洲坚果产业的持续健康发展意义重大。中国活性炭的工业化生产始于 20 世纪 50 年代，快速发展在 20 世纪 80 年代以后。改革开放以来，活性炭的优势在社会经济持续发展的今天得到了充分的印证，受到了大家的一致好评。中国的活性炭生产企业数量已从 20 世纪 80 年代初的几十家增加到现阶段的 1 000 多家，活性炭的年总产值也持续增长，中国已成为当之无愧的全球领先的活性炭生产制造国。澳洲坚果壳活性炭是采用坚果壳为原料，经过筛选、粉碎、碳化、活化再精选等一系列活性炭改性生产工艺过程，然后生产出来的一种新型活性炭吸附材料。澳洲坚果壳活性炭还含有丰富的 N、P、K 等元素，在植物生长过程当中，这些元素不可或缺，可为贫瘠土壤提供植物生长必要的营养，在农业应用中，人们往往会在土地里撒上炭灰就是因为这个原因。与其他吸附剂相比，坚果壳活性炭有诸多优势，其来源广，而且制作简单，能耗更低。澳洲坚果壳活性炭是一种可再生资源，其经济效益和环境效益丰厚，也是用于处理水污染物的理想资源。

（二）澳洲坚果壳活性炭的国内外研究情况

早在2001年，国外就有研究人员进行了澳洲坚果壳制备颗粒状活性炭用于水中二价铜离子的吸附去除试验，制备出对水溶液中Hg（Ⅱ）、Cu（Ⅱ）、Cr（Ⅳ）等污染物具有良好脱除能力的澳洲坚果壳活性炭；也有人采用KOH活化法制备出对挥发性有机化合物具有较好吸附性能的澳洲坚果壳活性炭，还以澳洲坚果壳为原料，采用真空$ZnCl_2$化学活化法制备澳洲坚果壳活性炭并用于亚甲基蓝的吸附。

国外也有研究人员以澳洲坚果壳为原料，采用化学—物理耦合活化法制备出具有良好液相吸附性能的澳洲坚果壳活性炭，采用H_3PO_4活化法制备出对苯胺具有较强吸附能力的活性炭，还制备出具有较好烟气脱硫性能的新型柱状成型活性炭，还采用$ZnCl_2$化学活化法制备活性炭用于重金属离子Cr的吸附，采用$ZnCl_2$活化法制备澳洲坚果壳活性炭并用于印染废水的处理。

同时也有研究人员以澳洲坚果壳粉为吸附剂，考察了体系初始pH、吸附剂用量、温度等因素对水溶液中六价铬离子吸附的影响，探讨了吸附过程中铬的化学形态变化和吸附过程的热力学特征。

（三）澳洲坚果壳活性炭制备法

（1）制备工艺流程。澳洲坚果壳制备活性炭的工艺流程图如图5-1所示。

图5-1　澳洲坚果壳制备活性炭的工艺流程图

（2）澳洲坚果壳活性炭制备步骤。①去仁：从坚果中将坚果仁取出，得到坚果壳；②烘干：将去仁后的坚果壳放置在100℃的烘箱中放置12h，以此来去除坚果壳中的水分；③破碎：将烘干后的坚果壳分批放入破壁机中进行破碎处理；④筛选：将打碎的坚果壳倒入不同目数的筛子中，筛选出不同粒径大小的坚果壳备用；⑤碳化：将坩埚洗干净后烘干，冷却后进行称重，然后再将烘干的坚果壳放入坩埚中称重，记录坚果壳的重量，紧接着放入管式炉，充入N_2；在特定的时间、温度下进行碳化，以除去坚果壳中的H、O等元素。

（3）不同条件下澳洲坚果壳活性炭制备工艺的研究。澳洲坚果壳质地坚硬且含碳量高，表面致密光滑，是制作活性炭的廉价材料。有报道称，位于美国夏威夷的大岛碳有限公司希望把澳洲坚果壳制成颗粒活性炭作为空气过滤器、滤水器，甚至作为生物燃料的原料。

有研究表明，以澳洲坚果壳为原料、磷酸为活化剂时，磷酸-澳洲坚果壳较佳的活化温度在400℃左右，浸渍时间为24h，磷酸溶液对澳洲坚果壳有明显催化碳化作用，使其在130℃左右就开始热解碳化。也有研究认为，浓度50%的磷酸、浸泡20h、活化温度600℃为澳洲坚果壳制备活性炭的最佳配比，制备出的活性炭对亚甲基蓝吸附值可达230.6mg/g，碘吸附值达1 447.8mg/g。当pH<4.0，振荡时间为6h，制备的活性炭对工业废水中Cr（Ⅵ）具有较强的吸附能力。对不同条件下澳洲坚果壳活性炭制备工艺的研究，为澳洲坚果壳制备活性炭提供了理论依据。当制备工艺不同时，制出的澳洲坚果壳活性炭的性能也不相同。微波加热$ZnCl_2$活化法制备澳洲坚果壳活性炭的较佳工艺条件为：将澳洲坚果壳粉末用质量分数为40%的$ZnCl_2$溶液浸渍，在微波剂量为9W/g的条件下辐照12min，此工艺制备的果壳活性炭得率为41.69%，碘吸附值为1 615.31mg/g，亚甲基蓝吸附值为243.63mg/g，制备出的活性炭表面孔径结构丰富、孔隙发达，对大分子有机物的吸附性能可达国家一级标准。也有研究提出，采用$ZnCl_2$活化法制备澳洲坚果壳活性炭，最佳制备工艺条件为：活化时间3.5h、浸渍比1∶4、活化温度550℃、$ZnCl_2$质量分数50%、浸渍时间19h，此条件下制备活性炭的得率、水分质量分数、灰分质量分数、强度、亚甲基蓝吸附值和碘吸附值分别为49.95%、1.45%、0.84%、96.78%、412mg/g和1 830mg/g，制备出的活性炭比表面积达1 174m^2/g。同样，应用掩埋法隔绝空气活化造孔也是活性炭制备的高效方法。通过该技术制备出的澳洲坚果壳活性炭性能也较好，其活性炭比表面积高达1 760m^2/g。在1mol/L KOH水系电解液中，电压为1.1V时，所制备材料的比电容为163.63f/g，能表现较好的电容性能。通过该技术制备出的高比表面积澳洲坚果壳活性炭，对制造双电层电容器具有较高的应用前景。而快速制备以中孔为主的澳洲坚果壳活性炭的最佳工艺条件为：KOH和澳洲坚果壳质量比为2∶1，微波功率600W，加热10min，制备出的活性炭比表面积高达876.77m^2/g，总孔孔容为0.533cm^3/g。将制备的澳洲坚果壳活性炭和Fe_3O_4纳米粉末按比例混合，制备出的磁性活性炭对RB-19的最大去除率为86.91%，利用磁分离方法对磁性活性炭回收，通过微波辅助加热法对其进行再生工艺，最终，活性炭循环使用5次后去除率仍为76.28%。同样，通过对废水中放射性元素铀的吸附试验表明，pH为5时，制备的澳洲坚果壳磁性活性炭对铀（Ⅵ）去除效率最好，反应140min后达到吸附平衡，最大吸附量为9.63mg/g，去除率可达94.6%。制备的活性炭在循环试验5次后对铀（Ⅵ）去除率仍能达到91%，具有明显的磁选回收再利用能力。磁选回收方法在很大程度上提高了活性炭的重复利用，也为澳洲坚果壳制备活性炭提供了新思路。国外学者较早提出利用KOH和$ZnCl_2$对澳洲坚果壳进行化学活化，制备出不同结构的活性炭，通过优化工

艺参数，筛选出了制备高比表面积澳洲坚果壳活性炭的最佳条件。当以 $ZnCl_2$ 为活化剂时，通过微波辅助热解澳洲坚果壳制备得到的活性炭可高效吸附亚甲基蓝染料。调整加工工艺参数后，以澳洲坚果壳为碳源，三聚氰胺为氮源，KOH 为活化剂，通过简便的埋式化学活化技术制备出的含氮活性炭，其比表面积为 1 615m^2/g，含氮量为 6.83%，该产品可被用作超级电容器中的电极材料，具有高电容及良好的电化学性能，其实际应用价值有待进一步研究。通过研究不同温度条件对果壳制备活性炭的成孔性状影响发现，在充氮条件下将果壳碳化，再在二氧化碳条件下对果壳进行物理活化，制备出的澳洲坚果壳活性炭对含金络合物具有很强的亲和力，其吸附能力与椰壳活性炭相当。研究结果表明，通过优化生产工艺参数以制备更高效的澳洲坚果壳活性炭产品，有望最终取代冶金工业中椰壳活性炭的地位。综合以上研究结果表明，利用澳洲坚果壳制备活性炭的加工工艺参数较复杂且产品开发利用较广，制备活性炭可作为澳洲坚果壳二次加工利用的一种主要途径。

（四）澳洲坚果壳活性炭的主要性能结构及应用

澳洲坚果壳为含碳物质，因此，用澳洲坚果壳制备的活性炭就具备固定含碳量高、挥发性成分多，灰分含量少的优势。坚果壳活性炭多为块状或者粉状，比表面积大。活性炭的结构为石墨微晶结构，由类石墨微晶、单网状平面碳和无序碳组成。石墨状微晶有两种排列方式：非石墨结构和石墨结构。其中，非石墨结构即使在 2 000℃的高温下也有许多缝隙的微晶无序排列，绝大多数的活性炭都属于这种类型的结构。虽然石墨结构的微晶排列更标准，但有小部分活性炭可以从非石墨微晶转化为石墨，活性炭组分与原料制备过程之间存在一定的联系。一些活性炭还包含少量的碳元素。由于生产过程和周围环境不同，碳表面可能会因为氧化而形成一些含氧官能团。坚果壳活性炭与其他吸附剂不同，其表面有很多官能团，坚果壳活性炭的表面是非极性的或弱光学活性的。对于坚果壳活性炭来说，它主要的性质是吸附特性，坚果壳活性炭表面有很多细小的孔，当外界物质与其接触时就被小孔所吸附，发挥了一定的净化作用，对于吸附性能来说，比表面积的大小是很关键的。例如，坚果壳活性炭比其他催化剂载体具有更高的比表面积，因此它对某些非极性分子和有机分子的吸附更强；此外，坚果壳活性炭的机械性包括粒度、强度、耐磨性等。坚果壳活性炭还具有优异的耐热和耐酸碱性，与此同时坚果壳活性炭还具有催化作用，在一定条件下可以使催化活性增大；在使用过程中更加方便，无毒性，无污染，使用寿命也相对要长一些，净化效果也更好。

1. 澳洲坚果壳活性炭特点 ①多面性和微孔性，污染物承载能力强，对油脂类物质和悬浮物的去除率高；②形状不规则造成多棱性和大小不一的粒径，形成深层过滤，增强了除油能力并且提高了过滤的速度；③亲水和不亲油的比重合适，易于反复清洗，并且再生力强；④硬度大，经特殊处理后不容易腐蚀，不需要经常更换过滤材料，每年仅需要补添10%的原料就可以恢复至初始效率，节省维修费用和维修时间，提高重复利用率，增强使用效率。

2. 澳洲坚果壳活性炭的应用

（1）在除菌防霉方面的应用。

①对书画古籍能够有较好的保存。在柜中置放一包（400g）坚果壳活性炭，就能使珍贵的书画古籍保持本色，减少霉菌对古书名画的腐蚀。

②室内除味。卫生间、厨房、冰箱、鞋柜、鞋内放置一包坚果壳活性炭，可以吸附臭味，去除异味。

③室内环保。活性炭可以除臭、消毒、吸附甲醛并净化空气。可以在刚装修的办公室、会议室、酒店房间、娱乐场所使用。

④家具防霉除臭。坚果壳活性炭具有吸附催化功能，让霉菌没有滋生的空间。将活性炭放在家具上，可以达到去除霉菌的目的，不单解决了发霉的问题，也去除了人们厌恶的霉味。

⑤室内除菌。将活性炭放在室内，能有效去除环境中的大肠杆菌、黄葡萄球菌、白癣菌、绿脓杆菌等细菌，还可抑制肠病毒、流行性感冒病毒等传播。

⑥室内空气净化。目前市场上价格不菲的高档空气净化器基本都是利用活性炭进行除味、去毒的，一包活性炭就相当于一台小型空气净化器。

（2）在催化方面的应用。坚果壳活性炭本身可以用作催化剂，具有优异的特性。坚果壳活性炭还可以用作催化剂载体，例如，在坚果壳活性炭中可以用作醋酸乙烯合成催化剂等。这样，可以合理地分散催化剂，扩大催化剂的堆积密度，扩大产品与催化剂接触的总面积，从而提高催化剂的催化效率和化学反应速率。现在国内将坚果壳活性炭广泛应用于液化、石化行业中作为催化剂载体使用，可以提高我国相关产业的生产效率。

（3）在药品、食品中的应用。对于维生素、注射液、药用炭等，活性炭可用作材料和载体。活性炭具有出色的吸附性能，在急性临床医学中用于胃肠道排毒。在这一阶段，日本已经开始选择球形活性炭来制备口服活性炭，用于一些动物的辅助治疗，从而延长动物的生长寿命；活性炭也用作血液净化吸附剂，通过一定的临床研究，已经在血液净化用活性炭方面取得一定进展，这种活性炭可以通过吸附作用来减慢体内毒素积累的速度；因活性炭特有的吸附作用，其还将用于医学事业中，即通过吸附抗癌药物来达到确定位置的缓释。

在食品行业中，活性炭可以用于调味品、饮料的脱色以及食用油脂的精制等。在食品、药品和葡萄酒冷藏的整个过程中，常用的防腐剂就是果壳活性炭。与其他普通的干燥剂产品相比，果壳活性炭的功效更为普遍。在制冷的全过程中，果壳活性炭不仅可以吸收空气中的水分，起到干燥剂的作用，还可以充分利用吸收性能，清除异味。而且，坚果壳活性炭属于无毒、无害和无刺激性的催化剂载体产品。因此可以说，在蔬菜保鲜制造业中，果壳活性炭的制冷效率比传统的防腐剂和干燥剂更有效，更安全。

（4）在废水处理方面的应用。饮用水、生活用水、废水等的吸附处理，均可以使用坚果壳活性炭作为吸附载体，起到去除杂质的作用。在废水处理中，吸收率决定了废水与催化剂载体接触的时间。坚果壳活性炭的工作能力与坚果壳活性炭的孔隙率和结构有关。通常，颗粒越小，孔隙的外部扩散速度越快，坚果壳活性炭吸收和控制的能力越强。吸收响应通常是化学反应，因此低温有利于吸收响应。此外，坚果壳活性炭的工作能力与废水的浓度值有关。在一定温度下，发挥吸收作用的坚果壳活性炭的量随着被吸收的化学物质的平衡浓度的增加而增加；同时在水处理过程中也可以利用吸附作用为水中的微生物提供有机物和营养，促进微生物的生长。

（5）在高新技术领域中的应用。随着技术的进步，活性炭的品质也得到了进一步的提升，在一些高新电子电极、电能以及气体的贮存方面得到了广泛的应用。例如：在冶金工业中，坚果壳活性炭对获得贵金属非常重要，并且在染色和织造工业中都在逐渐地使用活性炭。活性炭可以用作电容器，极大提高电容量，有良好的储能和循环性能，现已经投入电动汽车领域。中国的活性炭研究人员也在努力，并且在一定程度上提高了研究水平。可以预见，在新时代，活性炭将在中国高科技领域占据一席之地。

（6）在净化空气方面的应用。国内一项研究表明，澳洲坚果壳活性炭因为强度高、粒度均匀、吸附性能强等，可用于废水净化和空气净化。试验证明，亚甲基蓝浓度较低（＜60mg/L）的条件下，澳洲坚果壳活性炭对亚甲基蓝的吸附能力优于商品吸附炭。

澳洲坚果壳吸附性活性炭有较高的空气净化本领，活性炭利用本身孔隙将有害气体分子吸入孔内，释放出清新洁净的空气。经活性炭净化过的空气可以给人一种舒服清净的感觉，从某些方面看，活性炭也在呵护我们人体的安康，活性炭是无形的空气过滤网，因其物理吸附和化学分化相结合的功能，可分解或吸附大气中的甲醛、氨、苯、香烟、油烟等有害气体及各种异味，尤其针对致癌的芳香类物质，活性炭具有很强的吸附能力，而坚果壳活性炭本身是一种常用的吸附剂、催化剂或催化剂载体，很容易与空气中的有害气体充分接触。

目前国内外已有工厂将澳洲坚果壳制成颗粒活性炭产品，作为空气过滤器、滤水器和生物燃料的原料。

（7）在治疗中毒方面的应用。澳大利亚默多克大学开展的一项研究表明，粉碎的澳洲坚果壳的吸收率与传统木炭（椰子壳木炭）相似，但通过特殊工艺后可以更有效地清除毒素和药物特异性，能更有效地治疗某些类型的化学药剂中毒，如对乙酰氨基酚过量。该研究同时还发现了坚果壳活性炭一些有趣的潜在用途，如在金矿工业中可使用澳洲坚果壳活性炭代替椰子活性炭提取黄金。澳大利亚的黄金产业严重依赖进口的椰子活性炭，这也是利用澳洲坚果壳的理想时机。

第二节 澳洲坚果壳制备生物质炭

（一）生物质炭简介

世界范围内经济快速增长是化石燃料枯竭的主要原因，广泛使用化石燃料加重了环境污染。化石燃料使用量巨大，能源需求不断增加。丰富的生物质资源给化学工业以及生产药物、聚合材料和燃料提供了一个有前途的替代方案。生物质炭由生物质废料制成，适用于生产生物质炭的生物质废料包括农作物残料（田间残料和加工残料如秸秆等）、果核、甘蔗渣以及食物和林业废物、动物粪便和污泥。生物质炭80%来自农作物，如玉米、小麦等，这些作物均为可再生资源，制作的生物质炭碳含量极高，且意义重大。每年农业生产产生的废弃物产量极大，循环利用可使它们发挥再生价值。生物质炭的成分（碳、氮、钾、钙）取决于所使用的材料以及热解的持续时间和温度。

由于原材料不同，生物质炭的类型也不同；热解的温度也是决定其类型的关键因素之一。不同的原料和不同的热解温度对生物质炭的总碳含量和灰分含量有不同的影响。生物质炭可以大致分为秸秆生物质炭、贝壳生物质炭、木材生物质炭、污泥生物质炭、动物粪便生物质炭、竹炭生物质炭和其他类型的生物质炭。

生物质炭根据热裂解碳化法和水热碳化法的不同，分为热裂解炭和水热炭。中文解释中，由生物质转化而来的水热炭和热裂解炭均可称为生物质炭；而在英文中为了区分以上两种方法获得的炭质材料，热裂解碳化法获得的炭质组分常称为 biochar，而水热碳化法获得的炭质组分常称为 hydrochar，但国内外有部分学者将通过水热碳化生物质获得的固体产物也称为 biochar。此外，对于中文中的“碳、炭”二字，“碳”倾向用于非金属元素，如金刚石、石墨、富勒烯和无定形碳等同素异形体。而“炭”倾向用于由有机物质转化而来的物质，如生物质炭、木炭、竹炭、煤炭等。据此，在生物质相关领域，建议在名词性短语中用“炭”，如生物质炭；而在动词性短语中用“碳”，如碳化。

近年来，由于不断提倡环境保护，资源节约，生物质炭慢慢进入人们的视野。生物质炭是富含碳的固体，可以通过在缺氧的环境中加热生物质来获得，可以在土壤中存在数千年，生物质炭在地下长期以负性炭存在，结构稳定。

“生物质炭”一词是“生物质”中的“生物”和“木炭”中的“炭”组合而来。由于其拥有吸附剂的全部性能，且在来源上，可再生的优越性是化学吸附剂所不能比的，使用范围方面，它可用做某些金属离子的吸附剂，可应用于农业化肥、土地改良剂、污水处理等。现在，世界各地的许多研究人员和项目都在致力于生产高效、低成本的生物质炭生产炉，但迄今为止，这些项目的资金一直很少。与传统方法相比，生物质炭生产炉有许多优点。生物质炭生产炉潜在更清洁，一氧化碳、二氧化碳、烃类气体排放更少，杂质黑炭生成更少，产生的生物质炭可用于隔离土壤中的碳，并减少化石燃料和土壤肥料的使用。

（二）生物质的利用

（1）直接燃烧利用。包括炉灶燃烧利用、锅炉燃烧利用、生物质与煤的混合燃烧利用、烘焙利用。炉灶和锅炉燃烧技术大体相同，均是植物、农作物废弃物在有氧气的环境下充分燃烧后，植物体内的水分、某些有机物均被挥发掉，剩下的无机体为含碳量高达50%的生物质炭。生物质炭除了丰富的碳元素，还含有一些其他元素，如P、Mg等。这些元素又是植物生存所必需的元素，因此，人们往往将这些焚烧后的生物质炭用作农作物的肥料。除此以外，由于生物质炭大多为碱性炭，因此，在某些酸性土地里，人们往往添加生物质炭，让土地大致呈现出适宜农作物生长的pH。煤炭是自然界保有确定值的不可再生资源，煤炭的使用遍布人类所有生活领域，但它的仅存量只会减少，不会增加，为节约煤炭，寻求替代品尤其重要。将生物质炭与少量煤炭混合使用，不仅燃烧率有所提升，最重要的是节省了煤炭的使用量，节约了资源，对环境也有很大的改善。现在市面上大多生物质炭都是通过烘焙技术来生产的，烘焙是指在植物燃点之下，通过干烧使植物所有可挥发的成分挥发掉，剩下生物质炭和极少量元素。这种利用方式能比较完整地保存植物的原来形状，产量高，效率高。在发电方面，最常用的依旧是煤炭燃烧发电，目前已经有风力发电、水力发电等新兴发电方式，但燃烧依旧是最直接的方式，暂无法取代。截至2006年，我国有很多地区开始利用秸秆燃烧来发电。提高直接燃烧的热效率，研究开发直接用生物质的锅炉等用能设备，是该生物质利用方式研发工作的重点。或许在未来，生物质炭发电也是一条新路径。

（2）热化学转化。在一定的温度和条件下，经过气化、液化、碳化、转化等变化，使生物质材料转化为燃料、生物质炭和化学物质。热化学转化方法有：生物质气化、生物质热解、生物质液化和生物质超临界萃取。热化学转化技术相对成熟，优点显著。

（3）生物转化利用。生物转化是一个相对复杂的过程，先对材料进行预处理，而后经酶解、发酵等工艺。过程虽烦琐，但操作技术要求比较低，拥有发酵池就能进行生物转化。在我国农村就大量应用生物转化技术，人们在发酵池中填入秸秆等农作物废料，经发酵产生可燃烧的干净气体，减少了煤的使用，大大减少了二氧化碳的排放，为减轻空气污染作出一定贡献；国家也在农村大力推行这种能将农作物废料循环利用的方式。

（三）澳洲坚果生物质炭的制备方法

生物质炭已具备较完善的制备方法，澳洲坚果生物质炭的制备也是参考现有的方法。生物质炭是秸秆、树木等生物质热解转化的产物，同时也是缓慢热解的主要产物之一。热解指材料通过加热而分解。生物质在经过燃烧之后，热解为最终的生物质炭材料。在干燥阶段，生物质并没有发生任何化学变化，只是蒸发了内部的水分，所产生的变化为物理变化，而化学成分几乎没有变化。在预热阶段，原料开始产生化学变化，在600℃条件下，热解可得3种状态的产物，即固态、液态和气态产物，主要含有二氧化碳、一氧化碳、乙酸和甲醇等。650℃条件下，可得到固态生物质炭和副产物液体油。在碳化阶段，生物质的热量主要是已成木炭的外部热量，木炭中的碳含量得以最大量地保存下来。而外部燃烧也减少了木炭本身的杂质存在。迄今为止，热解通常用于生产生物质炭，具体方法包括连续快速微波热解和慢速热解。

生物质通过热化学过程转变成生物燃料或其他生物产物要经过3个阶段：裂解过程、碳化过程和气化过程。生物质炭通过将生物质在缺氧环境下，于300～700℃温度条件下裂解得到。裂解条件不同，得到的产物产率和性质均有较大差异。基于不同的裂解条件，裂解可分成3种基本形式：慢速裂解、中速裂解以及快速裂解。反应所需的能量由4种不同的途径提供：①由反应自身放热提供；②通过直接燃烧反应副产物或基质提供；③由燃气燃烧加热反应器间接提供；④由其他含热物质间接提供。

在慢速裂解过程中，蒸气停留时间较长（＞10s），反应温度在450～650℃，大气压下慢速升温（0.01～2.0℃/s），这一裂解环境使得液态产物减少，而固态产物（生物质炭）产率变高。慢速裂解速度较慢，促进了大量的生物质颗粒内以及混合蒸气相中的二级反应；同时，高浓度的蒸气和较大的固液接触面，也促进了副反应，并进一步提高生物质炭的产率。

生物质炭的制备方式通常可分为批式制备和连续制备。生物质炭传统的制备方式是批式制备，例如利用地窖、砖窑等将生物质堆埋，这些方式设备一般比较简单，易于实施，并且成本较低，但产率也较低，且无热量回收，裂解气直接排入大气、污染环境等。今天，随着科技进步和自动化程度提高，现代化的连续制备方式已较为成熟，较常见的设备有：鼓式裂解仪、螺杆式裂解仪和回转窑裂解仪等，这些方式设备产率更高、原材料更灵活、副产物的能量可回收用于反应本身、操作更简单、产物更清洁并且可以连续生产，但设备复杂、成本较高。显然，可用于工业热裂解的连续制备方式将是未来生物质炭生产的主流方式。

(四) 澳洲坚果生物质炭的主要性能分类及应用

据国际生物质炭协会（International Biochar Initiative，IBI）发文，生物质炭是由富含碳的生物质在无氧或缺氧条件下经热化学转化生成的一种高度芳香化、富含碳素的多孔固体颗粒物质。它含有大量的碳和植物营养物质，具有丰富的孔隙结构。生物质炭表面拥有较多的含氧活性基团，是一种多功能材料。生物质炭不仅可以吸附土壤和污水中的重金属及有机污染物，而且可以改良土壤、增加土壤肥力，对于农业生产发挥着极其重要的作用。而且，生物质炭对碳、氮具有较好的固定作用，施加于土壤中，可以减少 CO_2、N_2O、CH_4 等温室气体的排放，减缓全球变暖。

2013 年 5 月 9 日，国际生物质炭协会正式启动 IBI 生物质炭认证项目，进一步推动了生物质炭产业的发展。IBI 生物质炭标准的发布是一个持续多年的全球、透明和包容的发展进程的结果，该进程有数百名科学家、企业家、农民和其他利益攸关方在文件的起草、审查和批准过程参与。基于这个程序，生物质炭制造商们可以充分证明他们的产品符合质量标准并且适用于土壤改良。可持续生物质炭产业要想成功，就必须向消费者和市场保证关于生物质炭及其作为土壤改良剂的安全使用的确定性。土壤中使用的生物质炭的标准化产品定义和产品测试指南（以下简称 IBI 生物质炭标准）提供了通用和一致定义生物质炭的工具，并确认拟作为生物质炭出售或使用的产品具有安全使用的必要特性。IBI 生物质炭标准还提供了生物质炭的通用报告要求，这将有助于研究人员将生物质炭的特定功能与其对土壤和作物的有益影响联系起来。

(1) 坚果壳生物质炭特点。有研究表明，以花生壳、核桃壳等坚果壳类废弃物为原料，可制备出表面孔隙丰富的生物质炭。制备过程中，随着温度的增加，制备生物质炭的得率逐渐减少，制备出的生物质炭能够吸附水环境中难降解的有机污染物。以澳洲坚果壳为原料，高温条件下热解制成的生物质炭同样具有较高的应用价值。研究发现，澳洲坚果壳制备出的生物质炭在一定温度条件下可将氧化铁还原，升温至 1 000℃时，制备出的生物质炭表面具有更多的晶体结构，能有效吸附硝酸盐。当澳洲坚果壳制备出的生物质炭与肥料混合使用时，发现不同生物质炭添加量对桉树生长过程中叶片元素含量变化有一定影响，添加生物质炭浓度较高时，可减少桉树对 P 和 K 的吸收；制备的生物质炭也可作为土壤改良剂，影响作物生长及其产量。利用澳洲坚果壳制备生物质炭的相关研究较少，其制备工艺及其应用机理有待进一步探索。

(2) 澳洲坚果壳生物质炭应用。

①对土壤的改良作用。世界上可耕地面积的1/3呈现酸性，而酸性土壤会对农作物产生毒害以及引起重要成分的缺失，如P、Mg等。植物适于生存在近中性土壤中，酸性土质会对植物产生很大的毒害作用，而P、Mg等营养元素的缺失更是直接抑制它们的生长，造成很大的经济损失。在土壤中添加生物质炭，可以降低土壤的酸性，减轻土壤对作物的毒害作用。不仅如此，生物质炭还具有改良土壤物理结构，如减少营养元素的流失，调控营养元素循环等作用。近年来，由于环境破坏以及气候变化，全球土壤中的大量有机炭流失，土壤肥力下降，造成全球土地酸碱化程度加剧，亟须一些合适的物质施入土壤来改善土壤环境。经过研究和大量实践表明，生物质炭因其较高的pH和阳离子交换能力，同时含有植物所需的营养物质，能够有效改善土壤有机质含量，增加土壤肥力，被公认是一种潜在的优质土壤改良剂。早在2 500年前，亚马孙流域的印第安土著居民就已将这种黑炭加入土壤，大大提高了土壤肥力，土壤呈黑色，经测定其含碳量高达9%，约是周边其他土壤的20倍，同时，N、P含量是其他土壤的3倍，农作物产量可提高1倍。经过分析发现，这种黑土就是施加了生物质炭后形成的一种肥沃土壤。已有报道生物质炭作为土壤改良剂被成功添加到土壤中的农业实践，在土壤中添加了生物质炭后，土壤肥力提升，也增加了植物对营养物质的利用率，进一步提高了农作物产量。

②对土壤重金属的改良作用。随着工业高速发展，工厂废水及人们日常产生的污水造成了土地重金属含量超标。生物质炭对重金属具有很强的抑制性，对重金属具有一定的吸附性。目前，生物质炭已成为重要的低成本Pb^{2+}、Cd^{2+}和Cu^{2+}吸附剂。

③在日常生活生产中的应用。生物质炭制备原材料可再生，制造成本低，来源广，污染小，而其自身的微孔结构是一种良好的吸附剂，除了在土壤和农业方面的应用，人们也在慢慢开发这种可再生资源的利用。现在，生物质炭已经逐渐代替化学吸附剂，成为新型高效吸附剂。除了除污，还能有效吸附重金属离子，如Pb^{2+}、Cd^{2+}等离子。

④果壳废弃物的循环利用。工业的高速发展，带动了全球经济的发展，人们开始追求更高质量生活，重视身体健康和环境健康。在经济发展中，工业生产往往产生大量废水，对污水的处理就显得格外重要。活性炭是处理污水污染物最常用的一种吸附剂，但高昂的成本也使其使用范围较小。因此人们开始研究比活性炭更高效、更廉价的新型吸附剂，生物质炭开始被人们所熟知。生物质炭是高纯度炭，结构稳定，可长期保存使用。除了C元素外，它还含有极少的营养元素，如N、P、Mg等。由于生物质炭的微孔结构、碱性特性以及含有对植物的有利元素，使得其在生活生产中应用十分广泛。微孔结构使其可

作吸附剂；碱性特性使其可改善土壤 pH 以起到改良土壤的作用；同时可作为土地增肥剂，增加土壤 P、Mg 等元素含量。作为吸附剂，生物质炭能吸附一些重金属离子，如 Pb^{2+} 、As^{2+} 等。具有高比表面积、发达的孔结构、丰富的官能团，是高效吸附剂必备的条件。农业生产中玉米秸秆等废弃物均是生物质炭的天然原材料，若直接焚烧掉，极度浪费且污染环境，若将其作为生物质炭的生产原料，将实现废弃物的循环利用。

⑤对有毒有害物质的吸附作用。生物质炭用于吸收多种污染物已经在实践中应用。生物质炭是一种无公害、低成本且高效的吸附剂，因其比表面积大、性质稳定、具有非常复杂的微孔结构等特性，非常适合作为吸附剂应用于环境保护当中。国内有研究发现松树枝生成的生物质炭可以有效去除萘、硝基苯以及间二硝基苯等环境污染物。认为以稻草为基质的生物质炭可以代替活性炭去除水中的孔雀蓝等染料；某些生物质炭还可以同时吸附邻苯二酚和腐殖酸。还有研究发现用奶牛场粪便生成的生物质炭可以同时去除污水中的 Pb 和有机农药，对 Pb 的去除率最高可达 89%，同时还可去除 77%的阿特拉津农药。另有文献报道，含有磁性的生物质炭可同时去除有机污染物和磷酸盐。虽然不如活性炭的吸附容量高，但是其生产成本低，而且其表面含有较多活性基团，除了吸附作用，还可以利用静电作用和化学沉淀作用将多种污染物同时去除。实际环境中经常同时存在多种污染成分，因此生物质炭作为吸附剂，其优点是非常明显的。

⑥对温室气体的减排作用。碳固定是指将碳捕获后转变成一种固定态的形式，避免其回到大气中而污染大气环境。环境中的碳循环是指大气中的 CO_2 被植物通过光合作用吸收，固定于生物质内，其分解或燃烧可再转变成 CO_2 重新释放到大气环境中。而如果将植物机体裂解转变成生物质炭，生物质炭中的碳以苯环等较复杂的形式存在，非常稳定，这就造成了环境中的碳循环被分离出来一部分，称为“碳负”过程。生物质炭的转变相较于其他固碳方式如植树造林等更能长时间地对大气中的碳进行固定。综上所述，对温室气体减排而言，生物质炭更能发挥其作用。

众所周知，耕地和牧场是温室气体的重要产生源，如何减少其温室气体的排放是人们迫切关注的。将生物质炭施于土壤中增强了碳的固定，可以减少 CO_2、CH_4 等温室气体的排放。研究还发现，在稻田中施加生物质炭可以使 N_2O 溢出量减少 40%～50%。以 20g/kg 的标准将生物质炭加入牧草地和大豆地中，发现两种土壤中 N_2O 的溢出量分别减少了 80%和 50%，同时 CH_4 的排放也受到明显的抑制。目前还缺乏足够的数据，其机理也还没有完全弄清，可能是因为加入生物质炭后土壤的孔隙率增大，透气性增强，CH_4 被氧化的量增多，而 CH_4 的排放量是产生量和氧化量的共同结果，故 CH_4 的净排放减少。

同样，由于 N_2O 的产生是与土壤环境密切相关的，加入生物质炭后可以提高土壤 pH，而且因为透气性增强，使得反硝化细菌的活性受到抑制，因此，N_2O 的溢出量会大量减少。

综上所述，N_2O 和 CH_4 的温室效应分别是 CO_2 的 290 倍和 25 倍，因此，施加生物质炭到耕地和牧场中可以大大降低温室效应。

第三节　澳洲坚果壳其他用途

（一）澳洲坚果壳吸附剂

随着社会经济不断发展，各类企业数量不断增加，各种工业废水的排放也日渐增加，工业废水对人类健康和生态环境造成了严重的影响，特别是印染废水。印染废水是以加工棉、麻、化学纤维及其混纺产品为主料的印染厂排出的废水，含有大量的有机物，排入水体会危害水环境；其废水色泽深，严重影响水体外观。目前处理染料废水的方法有絮凝法、气提法、氧化法、膜分离法、电解法和吸附法等，其中吸附法是较为有效的方法之一。目前常用的吸附剂为活性炭吸附剂，吸附效果好，但成本高、再生难。

利用废弃生物质材料生产新型吸附剂以降低生产成本成为近年来研究的热点。目前，工业上广泛应用的亚甲基蓝、罗丹明 B、碱性品红等阳离子染料在水环境中有毒性和致癌性，严重危害生态系统和人体健康，而利用吸附剂去除是解决途径之一。不同粒径澳洲坚果壳粉末对印染废水中亚甲基蓝、罗丹明 B、碱性品红的吸附试验结果表明，吸附剂效果较佳的条件为：粒径 0.3mm、pH5、温度 30℃时，投加量分别为 1.6g、2.4g、1.2g，震荡时间分别为 30min、60min、60min，吸附容量可达 6.2mg/g、4.06mg/g、8.15mg/g。通过硝化还原改性制备的澳洲坚果壳吸附剂具有比表面积大、化学稳定性好、机械强度高、易再生等优点，对染料废水吸附去除效果显著。当溶液 pH 为 11.5 时，通过超声-碱组合改性方法制备出的新型多羟基澳洲坚果壳吸附剂对亚甲基蓝染料的吸附容量可达 388.76mg/g，是相同条件下未改性澳洲坚果壳吸附剂的 2.33 倍。成本分析显示，改性后的澳洲坚果壳吸附剂处理单位质量染料废水的费用仅为商业活性炭处理费用的 74.24%，很大程度上缩减了商业成本，其商业价值也进一步体现。国外有研究报道，澳洲坚果壳可作为一种低成本生物吸附剂，用于处理被 Cr 污染的水溶液，可将溶液中六价铬吸附去除或将其还原为三价铬；也可在酸性改良条件下，通过微波加热将澳洲坚果壳和铜-锰氧化物合成为一种新型复合材料，用于吸附溶液中的铅离子。

（二）澳洲坚果壳色素、总黄酮及多糖提取

从坚果壳中提取的色素性能较稳定，具有良好的抗氧化及抑菌性能，是食

用色素的良好来源，也是天然色素行业发展的新趋势。目前有关澳洲坚果壳色素提取的相关报道较少，有研究显示，试验室内通过多次回流浸提澳洲坚果壳粉末，再经过离心过滤、浓缩和真空冷冻干燥等程序后，澳洲坚果壳中色素提取率达 4.91%。对提取的澳洲坚果壳色素的理化性质及稳定性进行初步研究，结果表明，提取出的色素易溶于极性较强的溶剂，在非极性溶剂中溶解度相对较小。温度和 pH 对该色素稳定性影响显著，色素保存率随温度的升高明显下降，色素在中性 pH 条件下保存率较高，过酸或过碱都会导致其保存率下降；常见金属离子，如 Na^{+}、Cu^{2+}、Mn^{2+} 对提取色素有一定的增色作用，K^{+}、Ca^{2+} 对该色素有一定的护色作用，而 Fe^{2+}、Fe^{3+}、Al^{3+}、Zn^{2+} 均使该色素明显褪色。提取的色素抗氧化性以及耐光性较差，还原剂对色素溶液的影响较小；常用的食品添加剂对提取的色素具有一定的增色和护色效应。可见，澳洲坚果壳提取色素的理化性状及稳定性对其开发利用有一定制约。从澳洲坚果壳中提取黄酮及多糖类活性物质的报道较少，有研究发现通过优化微波辅助工艺可从果壳中提取出总黄酮及多糖，并研究提取物中总黄酮及多糖对羟基自由基、1,1-苯基-2-苦基肼自由基的清除能力。结果表明：总黄酮的最佳提取工艺为乙醇体积分数 75%、料液比 1∶50（g/mL）、微波时间 2.5min、微波功率 400W，平均提取率为 0.94%；多糖的最佳提取工艺为料液比 1∶50（g/mL）、微波时间 2.5min、微波功率 200W，平均提取率为 0.70%。试验发现，从澳洲坚果壳中提取的总黄酮及多糖对羟基自由基、1,1-苯基-2-苦基肼自由基清除作用明显，是良好的天然抗氧化剂。

（三）澳洲坚果壳制作露酒

氨基酸和香气化学组分是食品品质的重要评价指标，广西南亚热带农业科学研究所的研究者发现，相比于烘干果露酒、晾干果露酒和基酒，果壳露酒的氨基酸比值系数最高。此外，澳洲坚果壳露酒在营养评价、香气质量综合评价等方面的表现也出类拔萃，以澳洲坚果壳为材料制备露酒具有较大的开发潜力。

近年来，国内不少学者研究利用澳洲坚果壳制作露酒，酿制过程中辅料及基酒的配比对露酒香气成分有一定影响。以澳洲坚果的壳果、果壳及果仁为原辅料，以广西龙州本地 50%的（v/v）米酒为酒基，泡制得到 3 种澳洲坚果露酒。对 3 种露酒的挥发性香气成分进行分析、比较，从澳洲坚果壳露酒香气中鉴定出 30 种化学组分，香气以高级酯类化学组分为主，并通过已建立的香气质量综合评价模型得出果壳露酒的得分最高，最终提出以果壳作为露酒主要原料，再辅以碎果仁下脚料制作露酒。通过调整基酒及辅料配方，选用 53 度酱香型白酒为基酒、澳洲坚果壳及开口壳果为辅料，加以浸泡窖藏制得的露酒具有一定的保健作用。采用顶空固相微萃取与气相色谱质谱相结合的方法对露酒中的香气成分定性分析，从中检测出67种挥发组分，其中相对含量大于1%的挥发成分有19种，且香气成分中油酸乙酯和亚麻酸含量有增加趋势。以澳洲坚果壳为辅料制作露酒，果壳废物再利用的同时也避免了碎果仁等下脚料的浪费，进一步提高了澳洲坚果的商业价值。

（四）澳洲坚果壳成为3D打印的新型材料

澳洲坚果壳会在科学家的手中变成3D打印的新型材料。来自悉尼大学的结构建造师和工程专家们把更多的目光投向了澳洲坚果壳，他们开发了一种新的方法，可以用坚果壳3D打印出与现有传统制造的木材相近的材料。该项目主要利用3D打印技术，将通常被丢弃的澳洲坚果壳变成可持续的“微型木材”。

（五）澳洲坚果壳其他用途

澳洲坚果壳的研发利用除以上用途外，还可进一步深加工应用于更广泛的领域。以澳洲坚果壳为原料，通过KOH化学刻蚀法可制得平均孔径为0.52nm的极微孔碳材料，比表面积和孔体积分别高达1 687m^2/g和0.57cm^3/g，其良好的导电性能可应用在锂硫电池正极材料中以改善电池的电化学性能。而利用澳洲坚果壳衍生的碳材料，可合成电池阴极氧化还原反应中的催化剂，以提高电极材料的活性，降低生产成本，可做燃料电池和超级电容器生产中的潜在材料。热解是生物质综合利用的重要方法之一，采用热重分析仪对澳洲坚果壳热解特性进行研究，发现澳洲坚果壳热解最大失重速率为每分钟15.85%，热解活化能为83.91～211.86kJ/mol。而从澳洲坚果壳热解过程中获得的焦油，对提升木材的耐腐性和抗白蚁能力有一定效果。澳洲坚果壳具有灰分含量低和碳含量高的特性，使其成为合成高纯度碳化硅和氮化硅纳米粒子的最佳碳源之一，可作为一种新碳源应用于高纯度先进材料合成。通过不同加工工艺，还可将澳洲坚果壳应用于生产先进生物复合材料、制作复合镶嵌板以及加工制成滤料用于油脂过滤等方面。

澳洲坚果壳的主要成分是纤维素和酸不溶木质素，其中纤维素含量为34.65%，酸不溶木质素含量为39.75%，其酸不溶木质素含量高于一般木材。通过微波萃取和气相色谱-质谱联用法分析澳洲坚果壳中的37种挥发性成分，结果表明，澳洲坚果壳中含有多种具有香味的烯烃、酸类、醛类、内酯类、酮类等化合物，使其具有自身独特的香气风格，而且澳洲坚果壳乙醇提取物中具有令人愉悦的香味，有望成为香精香料的来源。澳洲坚果不同品种的果壳中总酚含量差异显著，提取的酚类物质具有抑菌、抗氧化、抗肿瘤等作用，可用于化工和制药领域。

（六）结语

世界澳洲坚果种植面积近六成都在中国，未来，随着收获面积的逐年增加，我国澳洲坚果产量将成倍增长。目前，国内消费市场已形成以果仁、开口壳果、澳洲坚果油等为主的澳洲坚果系列产品，而有关加工废料澳洲坚果壳产品的研发较为少见。在生产上大部分澳洲坚果壳被遗弃，为提升澳洲坚果加工副产物的附加值，延伸澳洲坚果产业链，亟须加强对澳洲坚果壳综合利用的产品研发，这对充分利用其质地坚硬、含有特殊成分等天然优势，变废为宝，实现澳洲坚果产业绿色可持续发展具有重要意义。

参考文献

陈海生，张涛，宋海云，等，2019. 不同原辅料澳洲坚果露酒的挥发性香气成分分析及比较研究［J］. 中国热带农业，87（2）：23-30.

陈玲，孙浩，缪福俊，等，2011. 澳洲坚果壳滤料的制备与过滤性能的研究［J］. 吉林农业（5）：134-135.

程婷，陈杰，黄祥，等，2013. 坚果壳脱硫活性炭成型工艺研究［J］. 林产化学与工业，33（4）：48.

叱蕊鸽，2016. 基于有效能分析的麦秆制油过程及换热网络优化［D］. 大连：大连理工大学.

杜春凤，2017. 微波辐助制备木质活性炭及对活性蓝吸附性能研究［D］. 石河子：石河子大学

杜丽清，邹明宏，曾辉，等，2010. 澳洲坚果果仁营养成分分析［J］. 营养学报，32（1）：95-96.

冯锡仲，2010. 粮油食品知识问答［M］. 北京：中国标准出版社.

勾芒芒，2015. 生物炭节水保肥机理与作物水炭肥耦合效应研究［D］. 呼和浩特：内蒙古农业大学.

郭刚军，胡小静，付镓榕，等，2021. 澳洲坚果青皮不同极性溶剂分步提取物功能成分与抗氧化活性分析及相关性分析［J］. 食品科学，42（7）：74-82.

郭刚军，胡小静，马尚玄，等，2017. 液压压榨澳洲坚果粕蛋白质提取工艺优化及其组成分析与功能性质［J］. 食品科学（18）：273-278.

郭刚军，马尚玄，胡小静，等，2020. 氯化锌活化制备澳洲坚果壳活性炭试验［J］. 林业工程学报，5（6）：106-113.

侯红霞，2011. 请让我们吃得健康些［M］. 北京：北京燕山出版社.

胡小松，吴继红，2007. 农产品深加工技术［M］. 北京：中国农业科学技术出版社.

康琴琴，2011. 活性炭的制备及其在饮用水处理中的应用［D］. 苏州：苏州科技学院.

康专苗，雷朝云，范建新，等，2019. 澳洲坚果露酒香气成分 GC-MS 分析［J］. 江苏农业科学，47（19）：218-223.

李艳，2015. 磷酸活化法坚果壳活性炭的结构与性能研究［D］. 南京：东南大学.

刘锦宜，黄雪松，2017. Omega-7 脂肪酸的功能研究现状［J］. 食品安全质量检测学报，8（3）：911-916.

刘锦宜，张翔，黄雪松，2018. 澳洲坚果仁的化学组成与其主要部分的利用［J］. 中国食物与营养，24（1）：45-49.

刘秋月，2016. 澳洲坚果抗氧化活性成分的研究 [D]. 广州：暨南大学 .

刘伟，2014. 生物炭对水中五氯酚和分散红 3B 去除性能的研究 [D]. 青岛：中国海洋大学 .

彭倩，2018. 澳洲坚果蛋白组分及分离蛋白的理化与功能性质研究 [D]. 南昌：南昌大学 .

帅希祥，杜丽清，张明，等，2017. 制油工艺对澳洲坚果油营养品质及挥发性风味成分的影响 [J]. 食品与机械，33 (10)：5-12.

宋海云，贺鹏，黄锡云，等，2020. 不同辅料发酵澳洲坚果皮有机肥品质比较 [J]. 农业研究与应用，33 (6)：28-32.

宋海云，张涛，贺鹏，等，2019. 不同日期采摘的不同品种澳洲坚果的氨基酸分析 [J]. 经济林研究，37 (2)：82-88.

涂行浩，杜丽清，曾辉，等，2018. 一种富含 Omega-7 的水溶性坚果油微胶囊及其制备方法 [P]. 中国：CN201810527001. X.

涂行浩，孙丽群，唐景华，等，2019. 澳洲坚果油超声波辅助提取工艺优化及其理化性质 [J]. 热带作物学报，40 (11)：10-17.

涂行浩，张秀梅，刘玉革，等，2015. 澳洲坚果油组分分析以及其抗氧化活性研究进展 [C] //中国热带作物学会第九次全国会员代表大会暨 2015 年学术年会论文摘要集 .

涂行浩，张秀梅，刘玉革，等，2015. 微波辐照澳洲坚果壳制备活性炭工艺研究 [J]. 食品工业科技，36 (20)：253-259.

王文林，曾辉，邹明宏，等，2009. 不同基因型澳洲坚果的营养成分分析与品质模糊评判 [J]. 广东农业科学 (5)：33-36.

杨为海，张明楷，邹明宏，等，2012. 澳洲坚果不同种质果仁粗脂肪及脂肪酸成分的研究 [J]. 热带作物学报，33 (7)：1297-1302.

张慧敏，孙容芳，于同泉，等，2001. 低温萃取法提取杏仁油的研究 [J]. 农业工程学报，17 (1)：125-128.

张玲，李雅美，钟罗宝，等，2011. 云南夏威夷果油脂的提取及其理化性质分析 [J]. 食品科学，32 (8)：151-154.

张明楷，2011. 28 份澳洲坚果种质资源果实主要成份研究 [D]. 海口：海南大学.

张明楷，杨为海，曾辉，等，2011. 澳洲坚果果皮中主要功能性成分分析 [J]. 热带农业科学，31：73-75.

张涛，王文林，贺鹏，等，2019. 基于因子分析的澳洲坚果露酒香气品质研究 [J]. 中国南方果树，48 (4)：46-52.

赵大宣，赵静，秦斌华，等，2013. GC-MS 分析澳洲坚果脂肪酸组分 [J]. 农业研究与应用 (1)：20-22.

赵静，唐君海，王文林，等，2013. 澳洲坚果营养成分分析 [J]. 农业研究与应用 (4)：24-25.

Tu X H，Wu B F，Xie Y，et al.，2021. A comprehensive study of raw and roasted macadamia nuts：Lipid profile，physicochemical，nutritional，and sensory properties [J]. Food Science & Nutrition，9 (3)：1688-97.

彩图 1　澳洲坚果

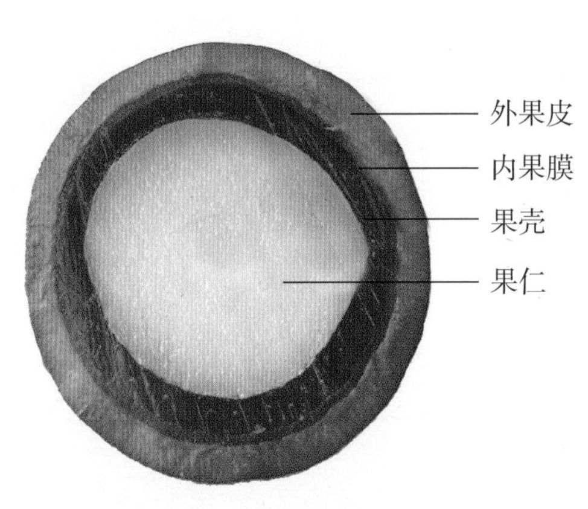

彩图 2　澳洲坚果果实横剖平面图

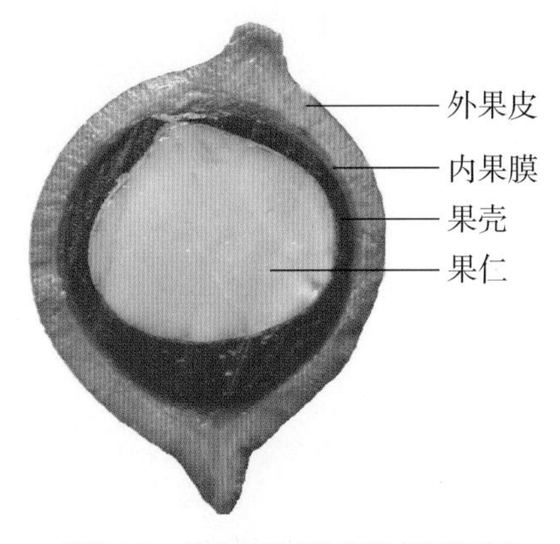

彩图 3　澳洲坚果果实纵剖平面图

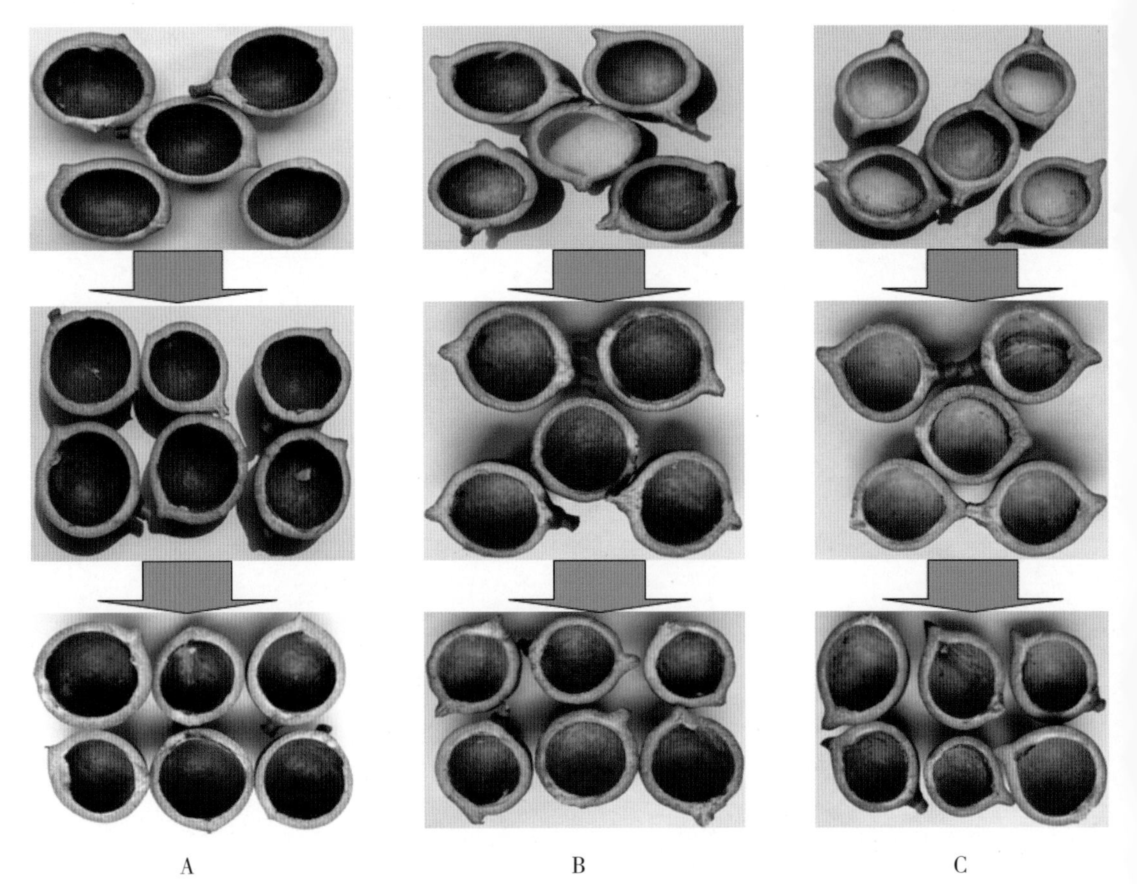

彩图 4　不同品种澳洲坚果果实成熟过程中青皮内层颜色的变化

A. 本列为桂热 1 号澳洲坚果品种

B. 本列为 695 澳洲坚果品种

C. 本列为 O. C. 澳洲坚果品种

彩图 5　澳洲坚果青皮粉碎

彩图 6　澳洲坚果青皮建堆

彩图 7　接种袋

彩图 8　菌包卧式摆放

彩图 9　菌丝生长状况

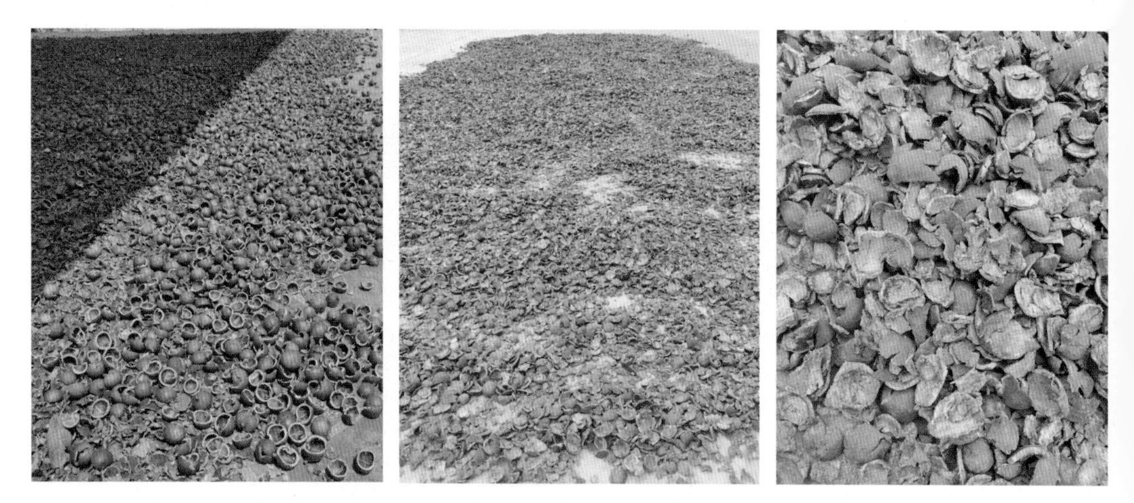

彩图 10　澳洲坚果青皮堆沤前的风干处理

彩图 11　澳洲坚果青皮发酵有机肥产品
（上图为柱状产品，下图为圆粒状产品）